Francisco Guerrero Cortina

Doctor en Física
Universidad de Valencia

INTRODUCCIÓN A LAS MATEMÁTICAS PARA ARQUITECTOS

Albal, 2014.

Todos los derechos reservados. No se puede reproducir este libro ni en parte ni en su totalidad por ningún procedimiento electrónico o mecánico, incluyendo fotocopia, grabación digital o cualquier otro medio de almacenamiento de información y sistema de recuperación sin el permiso escrito del autor y el editor

© 2014 Francisco Guerrero Cortina

Editado por Lulu.com

ISBN: 978-1-291-99816-0

*A Marita y Víctor,
por iluminar mi camino cada día.*

Prólogo

El objetivo del presente manual es el de ayudar a los alumnos del Grado de Arquitectura a entender los conceptos matemáticos básicos que necesitarán en el desempeño futuro de su profesión. Asimismo será útil para aquellos que ya hayan superado la asignatura pero necesiten consultar puntualmente algunos aspectos durante el estudio del resto de la carrera.

Se ha tratado de no extenderse demasiado en cada una de las explicaciones de los temas con el fin de no convertir este manual en un texto largo y farragoso donde el lector acaba perdido o aburrido ante la gran cantidad de páginas a leer para cualquier duda.

Espero sinceramente haber logrado estos objetivos y que los lectores encuentren útil la información matemática resumida en este libro.

Francisco Guerrero Cortina
Albal, agosto de 2014.

BLOQUE 1
ÁLGEBRA

TEMA 1: LA ESTRUCTURA DEL ESPACIO VECTORIAL.

1.1. CONCEPTO DE ESPACIO VECTORIAL.

DEFINICION: Se llama espacio vectorial a una terna $((E +), (K + \cdot) \cdot)$ donde:
1) $(E +)$ es un grupo abeliano. Sus elementos son vectores $\vec{x}, \vec{y}, \ldots$
2) $(K + \cdot)$ es un cuerpo. Sus elementos se llaman escalares y se representan por $\alpha, \beta, \gamma, \ldots$
3) El signo $\cdot$ es una ley de composición externa de K en E que a cada par α, $\vec{x}$ le hace corresponder un vector $\vec{z} \in E$ tal que $\vec{z} = \alpha \cdot \vec{x}$ (o simplificando $\vec{z} = \alpha\vec{x}$)

Este producto cumple que:
a) Distributiva respecto a la suma de vectores: $\alpha \cdot (\vec{x} + \vec{y}) = \alpha\vec{x} + \alpha\vec{y}$
b) Distributiva respecto a la suma de escalares: $(\alpha + \beta) \cdot \vec{x} = \alpha\vec{x} + \beta\vec{x}$
c) Asociativa: $(\alpha \cdot \beta)\vec{x} = \alpha \cdot (\beta \cdot \vec{x})$
d) Neutro: $1 \cdot \vec{x} = \vec{x}$

El espacio vectorial se representa abreviadamente como $(E, K, \cdot)$ o sólo E.

ANEXO: GRUPO

Un conjunto no vacío G dotado de una ley de composición interna $*$ se dice que es un grupo si $*$ es asociativa, tiene elemento neutro y todo elemento $a \in G$ tiene simétrico $a^{-1} \in G$, respecto a $*$.

Ejemplo: $(R, +)$ es un grupo.

$a, b \in R$; $Ley\ Composición\ interna: a + b = c \in R$
$Asociativa: (a + b) + c = a + (b + c)$
$Neutro: a + 0 = a$
$Simétrico: a + (-a) = 0$

Si además tiene propiedad conmutativa es grupo abeliano: $a + b = b + a$

CUERPO:

Un cuerpo es un conjunto K con las leyes $+$ y $\cdot$ que cumple las siguientes propiedades:
1) $(K, +)$ es un grupo abeliano.
2) $\cdot$ debe cumplir que:

a) Es ley de composición interna de K.
b) Propiedad asociativa.
c) Tiene elemento neutro.
d) Todo $a \neq e$ tiene su a^{-1} (esta es la diferencia respecto al grupo)
e) Conmutativa
3) Propiedad distributiva respecto a + por ambos lados:
$$a(b+c) = ab + ac$$
$$(a+b)c = ac + bc$$

Ejemplo: $(R, +, \cdot)$ es un cuerpo.

1.2. EL ESPACIO VECTORIAL R^2

El conjunto R^2 con la ley de composición interna +, definida por:

$$(x_1, x_2) + (y_1, y_2) = (x_1 + y_1, x_2 + y_2)$$

es un grupo abeliano. (A comprobar por el alumno)

Vamos a ver que la terna $((R^2 +), (R, +, \cdot), \cdot)$ es un espacio vectorial.

(Compruebe el alumno que se cumplen las propiedades a, b, c y d de la página anterior.

Representación gráfica:

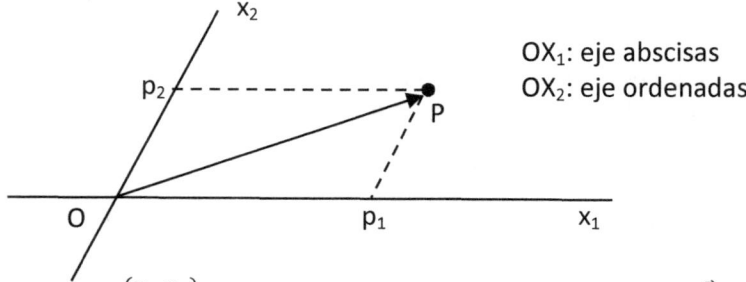

OX_1: eje abscisas
OX_2: eje ordenadas

Se dice que (p_1, p_2) son las coordenadas del punto P (o del vector $\vec{OP}$) en el diagrama cartesiano OX_1X_2.

El vector $\vec{OP}$ consta de :
a) Módulo: distancia entre los puntos O y P.

b) Dirección: la recta que une O y P.
c) Sentido: desde O hacia P.

Suma de vectores:

La suma de los vectores $\vec{OX}$ y $\vec{OY}$ es la diagonal del paralelogramo de lados $\vec{OX}$ y $\vec{OY}$.

Por definición: $\vec{x} + \vec{y} = (x_1 + y_1, x_2 + y_2)$.

1.3. EL ESPACIO VECTORIAL R^3

El conjunto R^3 con la ley de composición interna +:

$(x_1, x_2, x_3) + (y_1, y_2, y_3) = (x_1 + y_1, x_2 + y_2, x_3 + y_3)$

es un grupo abeliano.

Análogamente al caso de R^2, la terna $((R^3 +), (R, +, \cdot), \cdot)$ es un espacio vectorial: el espacio vectorial R^3

Suma: $\vec{x} + \vec{y} + \vec{z}$ es la diagonal del paralelogramo de lados $\vec{x}, \vec{y}, \vec{z}$

1.4. OTROS EJEMPLOS DE ESPACIOS VECTORIALES.

1) $((P_1(x) +), (R + \cdot) \cdot)$ siendo $P_1(x)$ el conjunto de polinomios de primer grado $a_1 x + a_2$, $a_1, a_2 \in R$.
2) $((C +), (R + \cdot) \cdot)$ siendo $(C +)$ el conjunto de números complejos $a_1 + i a_2$ donde $a_1, a_2 \in R$ con la operación suma.

Ejercicio: Comprobad que este último cumple las propiedades de espacio vectorial. Comparar con el espacio vectorial R^2

1.5. PROPIEDADES INMEDIATAS.

Un espacio vectorial $((E +), (K + \cdot), \cdot)$ cumple las siguientes propiedades:

1) **Productos nulos:** $\alpha \vec{x} = \vec{0}$ sí y sólo sí $\alpha = 0$ ó $\vec{x} = \vec{0}$
2) **Regla de los signos:**
$$(-\alpha)\vec{x} = \alpha(-\vec{x}) = -(\alpha\vec{x})$$
$$(-\alpha)(-\vec{x}) = \alpha\vec{x}$$
3) **Reglas de simplificación:**

$$\text{Si } \vec{x} \neq \vec{0} \text{ y } \alpha\vec{x} = \beta\vec{x} \implies \alpha = \beta$$
$$\text{Si } \alpha \neq 0 \text{ y } \alpha\vec{x} = \alpha\vec{y} \implies \vec{x} = \vec{y}$$

1.6. SUBESPACIO VECTORIAL.

Sea $((E +), (K + \cdot), \cdot)$ un espacio vectorial.
Sea $S \subset E$
Si la terna $((S +), (K + \cdot), \cdot)$ es a su vez un espacio vectorial, diremos que es un **subespacio vectorial** de E.

Abreviando:
S es un subespacio vectorial de $((E +), (K + \cdot), \cdot)$ sí y sólo sí se cumple que

$$\left.\begin{array}{l}\forall \vec{x}, \vec{y} \in S \\ \forall \alpha, \beta \in K\end{array}\right\} \alpha\vec{x} + \beta\vec{y} \in S$$

Ejemplo 1: Comprobar que el subconjunto $S = \{(\lambda, -\lambda), \lambda \in R\}$ es un subespacio vectorial de R^2

Ejemplo 2: ¿El subconjunto $M = \{(\lambda, 0), \lambda \in R\}$ es un subespacio vectorial de R^2?
¿Y el subconjunto $N = \{(\lambda, 1), \lambda \in R\}$?

Ejemplo 3 (actividad en grupos): Proponed otros subespacios de R^2 o de R^3.

1.7. COMBINACION LINEAL. SISTEMAS GENERADORES.

Sistema de vectores: Subconjunto de vectores de un espacio vectorial E.

Sea $P = \{\vec{x_1}, \vec{x_2}, ... \vec{x_p}\}$ un sistema finito de vectores.

Definición: Se dice que un vector $\vec{x} \in E$ es **combinación lineal** de los vectores del sistema P, si existen p escalares $\alpha_1, \alpha_2, ... \alpha_p$ tales que:
$\vec{x} = \alpha_1\vec{x_1} + \alpha_2\vec{x_2} + ... \alpha_p\vec{x_p}$

Definición: El conjunto de combinaciones lineales formadas por los vectores de P es un subespacio vectorial de E, representado por $<P>$.

$<P>$ está generado por $\{\vec{x_1}, \vec{x_2}, ... \vec{x_p}\}$

$\{\vec{x_1}, \vec{x_2}, ...\vec{x_p}\}$ es un **sistema generador** de $<P>$

Ejemplo: Comprueba que $\{\vec{e_1}, \vec{e_2}, \vec{e_3}\}$, siendo $\vec{e_1} = (1,0,0)$, $\vec{e_2} = (0,1,0)$ y $\vec{e_3} = (0,0,1)$, son un sistema generador de todo R^3.

Ejemplo: Comprueba que los vectores $\vec{v_1} = (1,1,0)$ y $\vec{v_2} = (1,-1,0)$ generan un subespacio vectorial.

1.8. DEPENDENCIA E INDEPENDENCIA LINEAL.

Un sistema finito de vectores $P = \{\vec{x_1}, \vec{x_2}, ...\vec{x_p}\}$ del espacio vectorial E se dice que es **libre** si la igualdad
$\alpha_1\vec{x_1} + \alpha_2\vec{x_2} + ...\alpha_p\vec{x_p} = \vec{0}$

sólo se cumple cuando $\alpha_1 = \alpha_2 = ... = \alpha_p = 0$

También se llama **linealmente independientes**.

Ejemplo: Comprueba que los vectores $\vec{x_1} = (1,1)$ y $\vec{x_2} = (1,-1)$ son linealmente independientes.

1.9. BASE DE UN ESPACIO VECTORIAL.

Si el sistema de vectores $V = \{\vec{v_1}, \vec{v_2},...,\vec{v_n}\}$ es **libre** (lin. Indep.) y **generador** del espacio vectorial E, diremos que V **es una base de** E.

n será la dimensión del espacio vectorial E.

Se cumple que cada vector $\vec{x} \in E$ puede expresarse de forma **única** como combinación lineal de los elementos de la base V.
$$\vec{x} = x_1\vec{v_1} + ... + x_n\vec{v_n} \text{ con } \vec{v_i} \in V$$

Los escalares $x_1, ..., x_n$ son las **componentes** (coordenadas) de $\vec{x}$ en la base V.

Ejemplo: Comprobar que $e_1 = (1,0,0)$; $e_2 = (1,1,0)$; $e_3 = (1,1,1)$ forman una base de R^3.

Notación:

$$\vec{x} = \begin{pmatrix} x_1 \\ x_2 \\ \vdots \\ x_n \end{pmatrix}$$ Vector columna

$\vec{e} = (e_1, e_2, ..., e_n)$ Vector fila.

1.10. TEOREMA DE LA BASE INCOMPLETA.

Supongamos que $\{\vec{t_1},...,\vec{t_p}\}$ son p vectores linealmente independientes del espacio vectorial E de dimensión $n \geq p$.

Podemos encontrar $n - p$ vectores $\vec{t}_{p+1},...,\vec{t}_n$ tales que $\{\vec{t_1},...,\vec{t_p}, \vec{t}_{p+1},...,\vec{t_n}\}$ sea una base de E.

Ejemplo: Dada la base $V = \{(1,1), (1,-1)\}$ de R^2, calcula las componentes del vector $\vec{x} = (3,5)$ en dicha base. Represéntalo gráficamente.

1.11. SUMAS DIRECTAS.

Se dice que el espacio vectorial E es la suma de los subespacios F_1 y F_2 si cada vector $\vec{x}$ de E es la suma de un vector $\vec{x_1} \in F_1$ y otro $\vec{x_2} \in F_2$.

Cuando además esta descomposición en suma es **única**, se dice que el espacio vectorial E es la suma directa de F_1 y F_2.
$E = F_1 \oplus F_2$

Si $W = \{\vec{w_1},...,\vec{w_p}\}$ es una base de F_1 y $U = \{\vec{u_1},...,\vec{u_q}\}$ es una base de F_2, entonces $W \cup U$ es una base de E.

Por tanto, $\dim E = \dim F_1 + \dim F_2$.

TEMA 2: DETERMINANTES.

1. INTRODUCCION.

Los determinantes son un criterio efectivo para conocer la dependencia o independencia de un sistema de vectores $\{\vec{x}_1, \vec{x}_2, ... \vec{x}_n\}$

El determinante es una función $\varphi(\vec{x}_1, \vec{x}_2, ... \vec{x}_n)$ que vale **cero** si los vectores son linealmente dependientes y **distinto de cero** si son independientes.

2. FORMAS LINEALES Y MULTILINEALES.

Una aplicación $\varphi(\vec{x})$ de R^n en R se dice que es una **forma lineal** si:

$$\varphi(\alpha\vec{x} + \beta\vec{y}) = \alpha\varphi(\vec{x}) + \beta\varphi(\vec{y}) \quad \forall \vec{x},\vec{y} \in R^n \quad \forall \alpha,\beta \in R$$

Una aplicación $\varphi(\vec{x}_1,\vec{x}_2)$ de $R^n \times R^n$ en R es una **forma bilineal** si:

$$\varphi(\alpha\vec{z}_1 + \beta\vec{z}_2, \vec{x}_2) = \alpha\varphi(\vec{z}_1,\vec{x}_2) + \beta\varphi(\vec{z}_2,\vec{x}_2)$$
Y
$$\varphi(\vec{x}_1, \alpha\vec{z}_1 + \beta\vec{z}_2) = \alpha\varphi(\vec{x}_1,\vec{z}_1) + \beta\varphi(\vec{x}_1,\vec{z}_2)$$

Por generalización,

Una aplicación $\varphi(\vec{x}_1, \vec{x}_2, ... \vec{x}_n)$ de $R^n \times ... \times R^n$ (n veces) en R en una **forma n-lineal** (o multilineal) si:

$$\varphi(\alpha\vec{z}_1 + \beta\vec{z}_2, \vec{x}_2,...,\vec{x}_n) = \alpha\varphi(\vec{z}_1,\vec{x}_2,...,\vec{x}_n) + \beta\varphi(\vec{z}_2,\vec{x}_2,...,\vec{x}_n)$$

$$\varphi(\vec{x}_1, \alpha\vec{z}_1 + \beta\vec{z}_2,...,\vec{x}_n) = \alpha\varphi(\vec{x}_1,\vec{z}_1,...,\vec{x}_n) + \beta\varphi(\vec{x}_1,\vec{z}_2,...,\vec{x}_n)$$

......

$$\varphi(\vec{x}_1, \vec{x}_2,...,\alpha\vec{z}_1 + \beta\vec{z}_2) = \alpha\varphi(\vec{x}_1,\vec{x}_2,...,\vec{z}_1) + \beta\varphi(\vec{x}_1,\vec{x}_2,...,\vec{z}_2)$$

Estas relaciones son válidas para todos los vectores y todos los escalares.

La forma multilineal $\varphi(\vec{x}_1, \vec{x}_2, ... \vec{x}_n)$ es **antisimétrica** si:

$$\varphi(\vec{x}_1,...,\vec{x}_i,...,\vec{x}_j,...,\vec{x}_n) = - \varphi(\vec{x}_1,...,\vec{x}_j,...,\vec{x}_i,...,\vec{x}_n) \quad \forall i,j \text{ con } i \neq j$$

Propiedades de formas antisimétricas

a) Si $\vec{x}_i = \vec{x}_j = \vec{t}$ entonces $\varphi(\vec{x}_1,...,\vec{x}_i,...,\vec{x}_j,...,\vec{x}_n) = 0$

Porque $\varphi(\vec{x}_1,...,\vec{t},...,\vec{t},...,\vec{x}_n) = -\varphi(\vec{x}_1,...,\vec{t},...,\vec{t},...,\vec{x}_n) = 0$

b) Si el sistema $\{\vec{x}_1,...,\vec{x}_n\}$ son vectores linealmente dependientes tenemos que: $\varphi(\vec{x}_1, \vec{x}_2, ...\vec{x}_n) = 0$

Demostración:
Sea $\vec{x}_1 = \alpha\vec{x}_2 + ... + \beta\vec{x}_n$ combinación lineal del resto de vectores.
Tendremos que:
$\varphi(\vec{x}_1, \vec{x}_2, ...\vec{x}_n) = \varphi(\alpha\vec{x}_2 + ... + \beta\vec{x}_n, \vec{x}_2, ...\vec{x}_n) = \alpha\varphi(\vec{x}_2,\vec{x}_2, ...\vec{x}_n) + ... + \beta\varphi(\vec{x}_n,\vec{x}_2$
por la propiedad a.

c) Generalizando la propiedad 1, si en lugar de intercambiar sólo el i por el j, hacemos una permutación general de los n índices tenemos:

$\varphi(\vec{x}_{\alpha_1}, \vec{x}_{\alpha_2},...,\vec{x}_{\alpha_n}) = sg(\alpha_1,...,\alpha_n)\varphi(\vec{x}_1, \vec{x}_2, ...\vec{x}_n)$

Siendo $sg(\alpha_1,...,\alpha_n)$ la signatura de la permutación de índices.

La signatura es igual a $(-1)^k$, donde k es el número de intercambios de pares de índices necesarios para completar la permutación.

d) Si $\vec{x}_i = 0$, entonces $\varphi(\vec{x}_1, ..., \vec{x}_i, ...\vec{x}_n) = 0$.

Demostración:
$\varphi(\vec{x}_1, ..., 0,...\vec{x}_n) = \varphi(\vec{x}_1, ..., \vec{t} - \vec{t},...\vec{x}_n) = \varphi(\vec{x}_1, ..., \vec{t},...\vec{x}_n) - \varphi(\vec{x}_1, ..., \vec{t},...\vec{x}_n) = 0$

3. CARACTERIZACION DE LA INDEPENDENCIA LINEAL.

$\varphi(\vec{x}_1, \vec{x}_2, ...\vec{x}_n) = 0$ sí y sólo sí $\{\vec{x}_1,...,\vec{x}_n\}$ es ligado. (Siendo φ antisimétrica)

El sistema de vectores $\{\vec{x}_1,...,\vec{x}_n\}$ es linealmente independiente sí y sólo sí det $(\vec{x}_1,...,\vec{x}_n) \neq 0$

4. REGLAS DE SARRUS.

El determinante de un sistema de vectores es una forma multilineal antisimétrica. Cumple todas las propiedades vistas anteriormente.

El determinante lo denotamos como:

$$\begin{vmatrix} x_{11} & x_{12} & \cdots & x_{1n} \\ x_{21} & x_{22} & \cdots & x_{2n} \\ \cdots & \cdots & \cdots & \cdots \\ x_{n1} & x_{n2} & \cdots & x_{nn} \end{vmatrix}_V$$

Siendo: $\vec{x}_i = \begin{bmatrix} x_{i1} \\ x_{i2} \\ \vdots \\ x_{in} \end{bmatrix}$ las componentes del vector $\vec{x}_i$ en la base V.

El determinante consta de n vectores columna.

Las **reglas de Sarrus** son:

$$\begin{bmatrix} a & b \\ c & d \end{bmatrix} = ad - bc$$

$$\begin{bmatrix} a & b & c \\ d & e & f \\ g & h & i \end{bmatrix} = aei + cdh + bfg - ceg - bdi - afh$$

Para $n \geq 4$ no es práctica, ya que el número de sumandos es muy alto.

5. PROPIEDADES DE LOS DETERMINANTES.

1) El valor del determinante no cambia al cambiar las filas por columnas.
2) Sean $V = \{\vec{v}_1,...,\vec{v}_n\}$ y $W = \{\vec{w}_1,...,\vec{w}_n\}$ dos bases del espacio vectorial E, entonces: $\det(\vec{x}_1,...,\vec{x}_n)_V = \det(\vec{x}_1,...,\vec{x}_n)_W \cdot \det(\vec{w}_1,...,\vec{w}_n)_V$
3) $\det(\alpha\vec{z}_1 + \beta\vec{z}_2, \vec{x}_2,...,\vec{x}_n) = \alpha\det(\vec{z}_1,\vec{x}_2,...,\vec{x}_n) + \beta\det(\vec{z}_2,\vec{x}_2,...,\vec{x}_n)$
4) Al intercambiar dos filas o dos columnas, el determinante cambia de signo.

Las dos últimas se cumplen porque el determinante es una forma multilineal antisimétrica.

6. METODOS REDUCTIVOS DE CÁLCULO DE UN DETERMINANTE.

Desarrollo por fila o columna.

Un determinante es igual a la suma de los productos de los elementos de una columna (o fila) por los respectivos adjuntos (A_{ij}).

Ejemplo:

$$|A| = \begin{vmatrix} 4 & 2 & 1 & 3 \\ 5 & 2 & 3 & 6 \\ 2 & 7 & -2 & 9 \\ 7 & 2 & 3 & -4 \end{vmatrix} =$$

$$= 4\begin{vmatrix} 2 & 3 & 6 \\ 7 & -2 & 9 \\ 2 & 3 & -4 \end{vmatrix} - 5\begin{vmatrix} 2 & 1 & 3 \\ 7 & -2 & 9 \\ 2 & 3 & -4 \end{vmatrix} + 2\begin{vmatrix} 2 & 1 & 3 \\ 2 & 3 & 6 \\ 2 & 3 & -4 \end{vmatrix} - 7\begin{vmatrix} 2 & 1 & 3 \\ 2 & 3 & 6 \\ 7 & -2 & 9 \end{vmatrix} == 4\cdot 250 + 5\cdot($$

Los signos corresponden a $A_{ij} \rightarrow (-1)^{i+j}$.

Método del pivote.

Consiste en lograr que una columna (o fila) tengan sólo un elemento no nulo.

Tomamos el determinante anterior:

$$|A| = \begin{vmatrix} 4 & 2 & 1 & 3 \\ 5 & 2 & 3 & 6 \\ 2 & 7 & -2 & 9 \\ 7 & 2 & 3 & -4 \end{vmatrix} = \begin{vmatrix} 0 & 0 & 1 & 0 \\ -7 & -4 & 3 & -3 \\ 10 & 11 & -2 & 15 \\ -5 & -4 & 3 & -13 \end{vmatrix} = (-1)^4 \begin{vmatrix} -7 & -4 & -3 \\ 10 & 11 & 15 \\ -5 & -4 & -13 \end{vmatrix}$$

$$= \begin{vmatrix} 0 & 4 & 0 \\ 16 & 11 & -27 \\ 12 & 4 & 40 \end{vmatrix} = (-1)^{1+2} \begin{vmatrix} 16 & -27 \\ 12 & -40 \end{vmatrix} = 640 - 324 = 316$$

TEMA 3: MATRICES.

7. CONCEPTO DE MATRIZ.

Matriz: Conjunto de n·p elementos de un cuerpo K dispuestos en n filas y p columnas.

$$\begin{bmatrix} a_{11} & a_{12} & \cdots & a_{1p} \\ a_{21} & a_{22} & \cdots & a_{2p} \\ \cdots & \cdots & \cdots & \cdots \\ a_{n1} & a_{n2} & \cdots & a_{np} \end{bmatrix}$$ Matriz tipo (n, p)

Vector fila: $(a_{11}, a_{12}, \ldots, a_{1p})$

Vector columna: $\begin{bmatrix} a_{11} \\ a_{21} \\ \cdots \\ a_{n1} \end{bmatrix}$

Matriz nula: $0 = \begin{pmatrix} 0 & \cdots & 0 \\ \vdots & \ddots & \vdots \\ 0 & \cdots & 0 \end{pmatrix}$, $a_{ij} = 0 \quad \forall i,j$

Matriz opuesta: $-A$

Matriz traspuesta: A^T se obtiene cambiando filas por columnas en A

Matriz cuadrada: Cuando n=p se dice de orden n.

- **Simétrica**: $a_{ij} = a_{ji}$
- **Unidad**: $I = \begin{bmatrix} 1 & 0 & \cdots & 0 \\ 0 & 1 & \cdots & 0 \\ \cdots & \cdots & \cdots & \cdots \\ 0 & 0 & \cdots & 1 \end{bmatrix}$
- **Antisimétrica**: $a_{ij} = -a_{ji}$; $a_{ii} = 0$; $\begin{bmatrix} 0 & a_{12} & \cdots & a_{1n} \\ -a_{12} & 0 & \cdots & a_{2n} \\ \cdots & \cdots & \cdots & \cdots \\ -a_{1n} & -a_{2n} & \cdots & 0 \end{bmatrix}$
- **Triangular**: Son cero los elementos por encima de la diagonal o los de debajo de la diagonal.

$$\begin{bmatrix} a_{11} & a_{12} & \dots & a_{1n} \\ 0 & a_{22} & \dots & a_{2n} \\ \dots & \dots & \dots & \dots \\ 0 & 0 & \dots & a_{nn} \end{bmatrix} \text{ ó } \begin{bmatrix} a_{11} & 0 & \dots & 0 \\ a_{21} & a_{22} & \dots & 0 \\ \dots & \dots & \dots & \dots \\ a_{n1} & a_{n2} & \dots & a_{nn} \end{bmatrix}$$

- **Diagonal**: $a_{ij} = 0 \text{ si } i \neq j; \quad a_{ii} \neq 0 \quad \begin{bmatrix} a_{11} & 0 & \dots & 0 \\ 0 & a_{22} & \dots & 0 \\ \dots & \dots & \dots & \dots \\ 0 & 0 & \dots & a_{nn} \end{bmatrix}$
- **Determinante**: Toda matriz cuadrada tiene un valor de su determinante.

Propiedad: $\det(A) = \det(A^T)$

8. OPERACIONES CON MATRICES.

Suma: Se suman componente a componente.

Si $\quad C = A + B \quad \rightarrow \quad c_{ij} = a_{ij} + b_{ij}$

Las matrices tipo M(n, p) con la suma + forman un **grupo abeliano**.

La terna $((M(n,p) \ast), (K + \cdot)\cdot)$ es un **espacio vectorial** de dimensión n·p

Cualquier matriz A se puede expresar como:

$$A = a_{11}\begin{bmatrix} 1 & 0 & \dots & 0 \\ 0 & 0 & \dots & 0 \\ \dots & \dots & \dots & \dots \\ 0 & 0 & 0 & 0 \end{bmatrix} + a_{12}\begin{bmatrix} 0 & 1 & \dots & 0 \\ 0 & 0 & \dots & 0 \\ \dots & \dots & \dots & \dots \\ 0 & 0 & 0 & 0 \end{bmatrix} + \dots + a_{nn}\begin{bmatrix} 0 & 0 & \dots & 0 \\ 0 & 0 & \dots & 0 \\ \dots & \dots & \dots & \dots \\ 0 & 0 & 0 & 1 \end{bmatrix} =$$

$$= a_{11}e_{11} + a_{12}e_{12} + \dots + a_{nn}e_{nn}$$

Las n·p matrices indicadas e_{ij} son una **base** de ese espacio vectorial.

Producto: El producto A·B sólo es posible si el nº de columnas de A es igual al nº de filas de B.

Si A es una matriz $n \times p$ y B es $p \times m$; el producto A·B es una matriz del tipo $n \times m$.

Ejemplo:

$$\begin{bmatrix} 2 & 3 & 7 \\ 6 & 3 & 2 \end{bmatrix} \begin{bmatrix} 3 & 2 \\ 4 & 7 \\ 9 & -3 \end{bmatrix} = \begin{bmatrix} 81 & 4 \\ 48 & 27 \end{bmatrix}$$

Propiedades:

- $A \cdot B \neq B \cdot A$
- $(A \cdot B)^T = B^T A^T$

9. MATRICES CUADRADAS.

Propiedad: El conjunto de las matrices cuadradas con la suma y el producto son un **anillo no abeliano**: $(M(n,n) + \cdot)$

Inciso: Definición de anillo.

> $(A, *, \cdot)$ es anillo si:
> - $(A, *)$ es grupo abeliano.
> - La ley $\cdot$ es asociativa.
> - La ley $\cdot$ es distributiva por ambos lados.

Para las matrices la ley $*$ será la suma y la ley $\cdot$ será el producto de matrices.

Definición: Matriz regular es aquella que tiene inversa. En caso contrario se llama **matriz singular**.

$A \cdot A^{-1} = A^{-1} \cdot A = I$

Teorema de Binet – Cauchy.
El determinante del producto de dos matrices es igual al producto de sus determinantes.

Teorema: Una matriz cuadrada es regular (i.e. tiene inversa) sí y sólo sí su determinante es distinto de cero.

Si $A = \begin{bmatrix} a_{11} & \cdots & a_{1n} \\ \cdots & \cdots & \cdots \\ a_{n1} & \cdots & a_{nn} \end{bmatrix}$; su inversa es: $A^{-1} = \dfrac{1}{\det(A)} \begin{bmatrix} A_{11} & \cdots & A_{n1} \\ \cdots & \cdots & \cdots \\ A_{1n} & \cdots & A_{nn} \end{bmatrix}$ (matriz adjunta y traspuesta)

donde A_{ij} es el adjunto de a_{ij}.

Ejemplo para el alumno: Hallar la matriz inversa de $\begin{bmatrix} 2 & 3 & 1 \\ 1 & 2 & 0 \\ 3 & 5 & 3 \end{bmatrix} = A$

Solución: $\begin{bmatrix} 3 & -2 & -1 \\ -3/2 & 3/2 & 1/2 \\ -1/2 & -1/2 & 1/2 \end{bmatrix}$

Se puede comprobar que $\det(A^{-1}) = \dfrac{1}{\det(A)}$

Propiedad: Si A es simétrica, entonces A^{-1} es simétrica también.

Propiedad: $(A \cdot B)^{-1} = B^{-1} A^{-1}$

10. RANGO DE UNA MATRIZ.

Veamos un método para determinar la independencia o no de p vectores en un espacio vectorial de dimensión n.

Se determina con el rango de la matriz $A = \begin{bmatrix} a_{11} & a_{12} & \cdots & a_{1p} \\ a_{21} & a_{22} & \cdots & a_{2p} \\ \cdots & \cdots & \cdots & \cdots \\ a_{n1} & a_{n2} & \cdots & a_{np} \end{bmatrix}$. Cada columna representa un vector. Por tanto, hay p vectores con n componentes.

Definición: Sea B una submatriz cuadrada de A formada por los elementos pertenecientes a m filas y m columnas dadas.

Al determinante de esa submatriz se le llama **menor de orden m** de la matriz A.

Propiedad: Si la matriz A tiene un menor de orden m no nulo, entonces los m vectores columna que forman el menor son linealmente independientes.

Análogamente, los m vectores fila también son linealmente independientes.

Rango de una matriz: Es la dimensión del subespacio vectorial generado por los p vectores columna de la matriz.
Se denota como rango(A), rg(A) ó r(A).

Nota: El rango coincide con el nº de columnas del menor no nulo más grande.

Ejemplo: Hallar el rango de la matriz siguiente:

$$A = \begin{bmatrix} 1 & 2 & 3 & 6 \\ 2 & 3 & 5 & 10 \\ 3 & 5 & 8 & 16 \\ 4 & 2 & 6 & 10 \end{bmatrix}$$

Solución:

Menor 2x2: $\begin{vmatrix} 1 & 2 \\ 2 & 3 \end{vmatrix} = -1 \neq 0 \rightarrow$ Las dos primeras columnas son independientes.

Menor 3x3: $\begin{vmatrix} 1 & 2 & 3 \\ 2 & 3 & 5 \\ 3 & 5 & 8 \end{vmatrix} = 0$

Otro menor 3x3: $\begin{vmatrix} 1 & 2 & 6 \\ 2 & 3 & 10 \\ 3 & 5 & 16 \end{vmatrix} = 0$

Otro menor 3x3: $\begin{vmatrix} 1 & 2 & 6 \\ 2 & 3 & 10 \\ 4 & 2 & 10 \end{vmatrix} = 2 \neq 0$. Por tanto, la primera, segunda y cuarta columna son independientes.

Podemos comprobar que $\det(A) = 0$. Por tanto, el rango será 3. Rango(A)=3

De hecho, la tercera columna es igual a la primera más la segunda (i.e. es linealmente dependiente).

11. PROPIEDADES DEL RANGO DE UNA MATRIZ.

1) En una matriz A, m columnas (o filas) son linealmente independientes sí y sólo sí contienen un menor de orden m no nulo.

2) Dada una matriz $n \times p$ con coeficientes en el cuerpo K, la dimensión del subespacio vectorial K^n generado por los p vectores columna es igual a la dimensión del subespacio K^p generado por los n vectores fila de la matriz.

3) El rango de una matriz no varía si a una columna (o fila) se le suma una combinación lineal de otras columnas (o filas).

12. MATRIZ DE UN SISTEMA DE VECTORES RESPECTO A UNA BASE.

Sea E un espacio vectorial sobre K de dimensión n.

Sea $V = \{\vec{v}_1, \vec{v}_2, ..., \vec{v}_n\}$ una base de E.

Sea $\{\vec{a}_1, \vec{a}_2, ..., \vec{a}_p\}$ un sistema de p vectores del espacio E.

Se llama **matriz de un sistema de vectores** a la matriz $n \times p$ formada por las componentes de los vectores $\vec{a}_i$ en la base V.

$$\begin{bmatrix} a_{11} & a_{12} & ... & a_{1p} \\ a_{21} & a_{22} & ... & a_{2p} \\ ... & ... & ... & ... \\ a_{n1} & a_{n2} & ... & a_{np} \end{bmatrix}$$

Se representa por $(\vec{a}_1, \vec{a}_2, ..., \vec{a}_p)_V$

Se llama **rango del sistema de vectores** $\{\vec{a}_1, \vec{a}_2, ..., \vec{a}_p\}$ a la dimensión del subespacio vectorial de E, $<\vec{a}_1, \vec{a}_2, ..., \vec{a}_p>$, generado por $\{\vec{a}_1, \vec{a}_2, ..., \vec{a}_p\}$

Coincide con el rango de la matriz del sistema de vectores.

Ejemplo: Hallar la dimensión del subespacio vectorial generado por los vectores: $\{(1, -1, 0), (-1, 1, 0), (1, 1, 0), (2, 3, 0), (4, 2, 0)\}$

La matriz es: $\begin{bmatrix} 1 & -1 & 1 & 2 & 4 \\ -1 & 1 & 1 & 3 & 2 \\ 0 & 0 & 0 & 0 & 0 \end{bmatrix} = A$

$$\text{Rango}(A) = \text{Rango}\begin{bmatrix} 1 & -1 & 1 & 2 & 4 \\ -1 & 1 & 1 & 3 & 2 \end{bmatrix} = 2$$

El rango es 2 ya que, $\begin{vmatrix} 1 & 1 \\ -1 & 1 \end{vmatrix} = 2 \neq 0$ (el menor de la primera columna y la tercera, la segunda no porque es igual a la primera pero de signo contrario).

Una base del subespacio vectorial generado sería $V = \{(1,-1,0),(1,1,0)\}$

TEMA 4: APLICACIONES LINEALES.

13. CONCEPTO DE APLICACIÓN LINEAL.

Sean E y F dos espacios vectoriales sobre el mismo cuerpo K.

Una aplicación $f:E \to F$ es lineal si:

$$f(\alpha \vec{x} + \beta \vec{y}) = \alpha f(\vec{x}) + \beta f(\vec{y}) \quad \forall \vec{x}, \vec{y} \in E \quad \forall \alpha, \beta \in K$$

Ejemplo: Probar que $f:R^3 \to R^2$ dada por $f(x,y,z) = (x - y, z - y)$ es una aplicación lineal.

14. CLASIFICACIÓN DE LAS APLICACIONES LINEALES.

Las aplicaciones lineales también se llaman **morfismos** u **homomorfismos** entre espacios vectoriales.

- **Epimorfismo**: Cuando f es sobreyectiva. Es decir, todos los vectores de F tienen antiimagen. Además, $f(E) = F$.
- **Monomorfismo**: Cuando f es inyectiva. Es decir, cuando $f(\vec{x}) = f(\vec{y}) \Leftrightarrow \vec{x} = \vec{y}$.
- **Isomorfismo**: Cuando f es biyectiva (i.e. inyectiva y sobreyectiva a la vez).
- **Endomorfismo**: Cuando los espacios vectoriales E y F son el mismo.
- **Automorfismo**: Cuando en un endomorfismo biyectivo.

Ejemplo: Probar que la aplicación $f:R^3 \to R^2$ dada por $f(x,y,z) = (x - y, z - y)$ no es inyectiva.

Solución: Todos los vectores de la forma $\vec{x} = (a + x_2, x_2, b + x_2)$ dan como imagen $f(\vec{x}) = (a,b)$ siendo a y b unas constantes cualesquiera. Por tanto es falso que cuando $f(\vec{x}) = f(\vec{y})$ sea cierto que siempre será $\vec{x} = \vec{y}$.

15. IMAGEN DE UNA APLICACIÓN LINEAL

Se llama **imagen de f, Imf**, al subconjunto de F formado por las imágenes de E.

$ImF = \{f(\vec{x}),\ \vec{x} \in E\}$

La imagen está generada por las imágenes de una base de E.

Demostración:

Sea $U = \{\vec{u}_1,...,\vec{u}_p\}$ una base de E.
$\vec{x} = x_1\vec{u}_1 + ... + x_p\vec{u}_p,\quad \vec{x} \in E$
$f(\vec{x}) = x_1 f(\vec{u}_1) + ... + x_p f(\vec{u}_p) \Rightarrow ImF = <f(\vec{u}_1),...,f(\vec{u}_p)>$

La imagen de f es un subespacio vectorial de dimensión igual al rango del sistema de vectores $\{f(\vec{u}_1),...,f(\vec{u}_p)\}$

Ejemplo: Volvamos a la aplicación f de los ejemplos anteriores.

Tomamos la base canónica $\vec{u}_1 = (1,0,0); \vec{u}_2 = (0,1,0); \vec{u}_3 = (0,0,1)$.
Las imágenes son:
$f(\vec{u}_1) = (1,0)$
$f(\vec{u}_2) = (-1,-1)$
$f(\vec{u}_3) = (0,1)$

Sólo hay dos que sean independientes, ya que $(-1,-1)$ es combinación lineal de los otros dos.
Por tanto, el rango de $\{(1,0), (-1,-1), (0,1)\}$ es igual a 2. dim $R^2 = 2$.

16. MATRIZ DE UNA APLICACIÓN LINEAL.

Sea $U = \{\vec{u}_1,...,\vec{u}_p\}$ una base de E y sea $V = \{\vec{v}_1,...,\vec{v}_n\}$ una base de F.

La matriz del sistema de vectores $\{f(\vec{u}_1),...,f(\vec{u}_p)\}$ respecto a la base V es la matriz de la aplicación lineal f respecto a las bases U y V.

$(f(\vec{u}_1),...,f(\vec{u}_p))_V = \begin{bmatrix} f_{11} & f_{12} & ... & f_{1p} \\ f_{21} & f_{22} & ... & f_{2p} \\ ... & ... & ... & ... \\ f_{n1} & f_{n2} & ... & f_{np} \end{bmatrix}$ Son los vectores $f(\vec{u}_i)$ puestos en columnas.

La igualdad $\vec{y} = f(\vec{x})$ puede expresarse como:

$$\begin{bmatrix} y_1 \\ y_2 \\ \vdots \\ y_n \end{bmatrix} V = \begin{bmatrix} f_{11} & f_{12} & \dots & f_{1p} \\ f_{21} & f_{22} & \dots & f_{2p} \\ \dots & \dots & \dots & \dots \\ f_{n1} & f_{n2} & \dots & f_{np} \end{bmatrix} \begin{bmatrix} x_1 \\ x_2 \\ \vdots \\ x_p \end{bmatrix} U$$

Ejemplo: Nuestra aplicación $f(x_1, x_2, x_3) = (x_1 - x_2, x_3 - x_2)$ tendrá como matriz:

$$f(1,0,0) = (1,0)$$
$$f(0,1,0) = (-1, -1) \implies \begin{bmatrix} 1 & -1 & 0 \\ 0 & -1 & 1 \end{bmatrix}$$
$$f(0,0,1) = (0,1)$$

Por tanto, $\begin{bmatrix} y_1 \\ y_2 \end{bmatrix} = \begin{bmatrix} 1 & -1 & 0 \\ 0 & -1 & 1 \end{bmatrix} \begin{bmatrix} x_1 \\ x_2 \\ x_3 \end{bmatrix}$

17. SUMA DE APLICACIONES LINEALES.

Dadas las aplicaciones lineales $f:E \to F$ y $g:E \to F$, por definición $f + g$ es la aplicación lineal de E sobre F dada por $(f + g)(\vec{x}) = f(\vec{x}) + g(\vec{x})$, $\forall \vec{x} \in E$.

A la aplicación $(f + g)$ se le llama **aplicación suma** de f y g.

18. PRODUCTO DE UNA APLICACIÓN LINEAL POR UN ESCALAR.

Se llama producto del escalar α por la aplicación lineal f, a la aplicación lineal:
$(\alpha f)(\vec{x}) = \alpha[f(\vec{x})]$, $\forall \vec{x} \in E$

Su matriz será la matriz de f multiplicada por α.

19. COMPOSICIÓN (O PRODUCTO) DE DOS APLICACIONES LINEALES.

La composición o producto de dos aplicaciones lineales es también una aplicación lineal.

Definición: $(g \cdot f)(\vec{x}) = g[f(\vec{x})]$.

Demostración:

$(g \cdot f)(\alpha \vec{x} + \beta \vec{y}) = g[f(\alpha \vec{x} + \beta \vec{y})] = g[\alpha f(\vec{x}) + \beta f(\vec{y})] = \alpha g[f(\vec{x})] + \beta g[f(\vec{y})] =$

$= \alpha (g \cdot f)(\vec{x}) + \beta (g \cdot f)(\vec{y})$

La matriz de la aplicación $(g \cdot f)$ es el producto de sus respectivas matrices.

20. ENDOMORFISMOS EN UN ESPACIO VECTORIAL DE DIMENSIÓN FINITA n

Sea E un espacio vectorial sobre K de dimensión n.

Sea $f: E \to E$ una aplicación lineal.

Sea $L(E,E)$ el conjunto de todos los endomorfismos sobre E.

Se cumple que:

$((L(E,E) +),(K + \cdot), \cdot)$ es un espacio vectorial isomorfo al espacio vectorial de las matrices cuadradas n x n con coeficientes en K.

Esto quiere decir que, si f y g son aplicaciones lineales $\Rightarrow$ $\alpha \cdot f + \beta \cdot g$ también lo es.

21. DETERMINANTE DE UN ENDOMORFISMO.

- El determinante de un endomorfismo es igual al determinante de su matriz.
- Si cambiamos de base, la matriz es diferente, pero el determinante no varía.
- Un endomorfismo f será invertible sí y sólo sí $\det f \neq 0$.
- Si f y g son dos endomorfismos en E, entonces $\det (f \cdot g) = \det f \cdot \det g$.

22. NÚCLEO DE UNA APLICACIÓN LINEAL.

Definición: Se llama núcleo de f al subconjunto de E formado por los vectores cuya imagen es el vector $\vec{0}$.

$Nuc(f) = \{\vec{x} \in E,\ f(\vec{x}) = \vec{0}\}$

El núcleo de f es un subespacio vectorial de E.

Si $\vec{x}, \vec{y} \in Nuc(f) \to f(\vec{x}) = f(\vec{y}) = \vec{0}$

$$f(\alpha\vec{x} + \beta\vec{y}) = \alpha f(\vec{x}) + \beta f(\vec{y}) = \vec{0} \rightarrow \alpha\vec{x} + \beta\vec{y} \in Nuc(f)$$

Si dim E = p se cumple que:

$$\boxed{\text{dim Nuc (f) + dim Im (f) = dim E = p}}$$

Una aplicación lineal es inyectiva sí y sólo sí su núcleo es $\{\vec{0}\}$

Ejemplo: Hallar el núcleo de $f(x,y,z) = (x - y, z - y)$.

Solución:

$$f(x,y,z) = 0 \rightarrow \begin{matrix} x - y = 0 \\ z - y = 0 \end{matrix} \rightarrow \begin{matrix} x = y \\ z = y \end{matrix} \rightarrow x = y = z$$

Por tanto, la antiimagen del vector nulo (i.e. el núcleo de f) son todos los vectores de la forma: $\vec{v} = (x,x,x) = x(1,1,1)$

Es decir, $Nuc(f) = <(1,1,1)>$ es el conjunto de vectores generado por el vector $(1,1,1)$.

Por tanto, la dimensión del núcleo de f es igual a 1.

Vemos que se cumple que:

dim Nuc (f) + dim Im (f) = 1 + 2 = 3 = dim E

TEMA 5: SISTEMAS DE ECUACIONES LINEALES.

23. DEFINICIONES.

Un sistema de n ecuaciones lineales con p incógnitas es un conjunto de igualdades del tipo:

$$f_{11}x_1 + \ldots + f_{1p}x_p = b_1$$
$$f_{21}x_1 + \ldots + f_{2p}x_p = b_2$$
$$\ldots \quad \ldots \quad \ldots \quad \ldots$$
$$f_{n1}x_1 + \ldots + f_{np}x_p = b_p$$

con coeficientes f_{ij} y términos independientes b_i pertenecientes a un cuerpo K. Las incógnitas son: $x_1,\ldots,x_p$.

Otras formas de representación:

- $x_1\vec{f}_1 + \ldots + x_p\vec{f}_p = \vec{b}$

- $\begin{bmatrix} f_{11} & \ldots & f_{1p} \\ \ldots & \ldots & \ldots \\ f_{n1} & \ldots & f_{np} \end{bmatrix} \begin{bmatrix} x_1 \\ \ldots \\ x_p \end{bmatrix} = \begin{bmatrix} b_1 \\ \ldots \\ b_n \end{bmatrix} \Rightarrow f \cdot \vec{x} = \vec{b}$

- $(\vec{f}_1,\ldots,\vec{f}_p) \begin{bmatrix} x_1 \\ \ldots \\ x_p \end{bmatrix} = \begin{bmatrix} b_1 \\ \ldots \\ b_n \end{bmatrix} = \vec{b}$

Más definiciones:

- **Sistema incompatible**: el que no tiene solución.
- **Sistema compatible**: el que sí tiene solución.
    - **Determinado**: cuando la solución es única.
    - **Indeterminado**: cuando la solución no es única.
- **Sistema homogéneo**: el que tiene $\vec{b} = 0$.
- **Matriz de coeficientes**: $f = \begin{bmatrix} f_{11} & \ldots & f_{1p} \\ \ldots & \ldots & \ldots \\ f_{n1} & \ldots & f_{np} \end{bmatrix}$

- **Matriz ampliada:**
$$\tilde{f} = \begin{bmatrix} f_{11} & \cdots & f_{1p} & b_1 \\ \cdots & \cdots & \cdots & \cdots \\ f_{n1} & \cdots & f_{np} & b_n \end{bmatrix}$$

24. TEOREMA DE ROUCHÉ – FROBENIUS.

Son los cuatro resultados siguientes:

1) El sistema es compatible $\Leftrightarrow$ Rango matriz coeficientes = Rango matriz ampliada.

2) El sistema es incompatible $\Leftrightarrow$ Rango matriz coeficientes < Rango matriz ampliada.

De la identidad:

dim $(Nuc\ f) + rango\ f = p$
se derivan dos casos:

3) Que Rango f = p $\Rightarrow$ $Nuc\ f = \{\vec{0}\}$ y el sistema es determinado.

4) Que Rango f < p $\Rightarrow$ $Nuc\ f \neq \{\vec{0}\}$ y el sistema es indeterminado

Demostración caso 4.

Sea $\vec{g}$ una solución del sistema $f \cdot \vec{g} = \vec{b}$. Como $Nuc\ f \neq 0$, cualquier vector de la forma $\vec{g} + \vec{n}$ con $\vec{n} \in Nuc\ f$ también es solución.

Ya que $f \cdot (\vec{g} + \vec{n}) = f \cdot \vec{g} + f \cdot \vec{n} = \vec{b} + \vec{0} = \vec{b}$, esto implica que no hay una única solución.

RESUMEN:

El sistema será:

- **Incompatible:** si $rango(f) < rango(\tilde{f})$

- **Compatible:** si $rango(f) = rango(\tilde{f})$

    a) **Determinado:** si $rango(f) = p$

b) **Indeterminado**: si $rango(f) < p$ La solución tendrá $p - rango(f)$ parámetros libres.

Sistemas homogéneos:

- Un sistema homogéneo siempre tiene al menos la solución trivial $\vec{x} = \vec{0}$

- Un sistema homogéneo tiene soluciones distintas a la trivial sí y sólo sí $rango(f) < p$

25. REGLA DE CRAMER.

Sea un sistema de n ecuaciones y n incógnitas tal que:

- $\det(f) \neq 0$
- $rango(f) = rango(f) = n$ (nº de incógnitas)

Podemos resolver el sistema sin más que calcular la matriz inversa de f.

La solución será:

$$\vec{x} = (f^{-1}) \cdot \vec{b}$$

Siendo:

$$f^{-1} = \frac{1}{\det f} \begin{bmatrix} F_{11} & \cdots & F_{1n} \\ \cdots & \cdots & \cdots \\ F_{n1} & \cdots & F_{nn} \end{bmatrix},$$

F_{ij} es el adjunto del elemento f_{ij}.

Ejemplo: resuelve el sistema siguiente.

$$\left. \begin{array}{l} x_1 + x_2 + x_3 = 6 \\ x_1 + x_2 - x_3 = 0 \\ 2x_1 - x_2 + x_3 = 3 \end{array} \right\}$$

Solución: $x_1 = 1$, $x_2 = 2$, $x_3 = 3$.

CON DERIVE:

1) Resolver – Sistema…
2) Número: 3

3) Introducir ecuaciones: x+y+z=6
   X+y-z=0
   2x-y+z=3
   Variables: x, y, z
4) Pulsamos Resolver
5) Aparece x=1 ^ y=2 ^ z=3

Tendremos algunos problemas cuando el sistema sea indeterminado.

26. MÉTODO DE GAUSS (O DE REDUCCIÓN O DE ELIMINACIÓN)

Consiste en ir eliminando incógnitas de las ecuaciones de manera escalonada al pasar de un sistema de ecuaciones a otro equivalente.

Ejemplo: Resolver el sistema anterior por el método de Gauss.

$$\left.\begin{array}{r}x+y+z=6\\x+y-z=0\\2x-y+z=3\end{array}\right\} \rightarrow \left.\begin{array}{r}x+y+z=6\\3y+z=9\\2z=6\end{array}\right\} \rightarrow \left.\begin{array}{r}x=1\\y=2\\z=3\end{array}\right.$$

En el segundo grupo de ecuaciones, la primera se mantiene igual, la segunda es 2 por la primera menos la tercera, y la última es la primera menos la segunda.

En general, al final se obtiene un sistema del tipo:

$$\left.\begin{array}{r}f_{11}x_1 + f_{12}x_2 + \ldots + f_{1n}x_n = b_1\\g_{22}x_2 + \ldots + g_{2n}x_n = c_2\\\ldots \ldots \ldots \ldots \ldots \ldots \ldots\\h_{nn}x_n = d_n\end{array}\right\}$$

Casos posibles:
- **Sistema incompatible:** la última ecuación que queda es un absurdo (por ej. 0=-1)
- **Sistema compatible indeterminado:** nos quedan más incógnitas que ecuaciones. Las incógnitas sobrantes las convertimos en parámetros: λ, μ, ...
- **Sistema compatible determinado:** de la última ecuación obtenemos x_n. Sustituimos x_n en la ecuación superior y obtenemos x_{n-1}. Y así sucesivamente.

Ejemplo: Sistema compatible indeterminado con DERIVE.

Sistema: $\begin{matrix} x+y+z=4 \\ x-y+2z=6 \\ 2x+3z=10 \end{matrix}$

Si resolvemos directamente con Derive, como en el ejemplo anterior, la solución que nos da es: $2x+3z=10 \land 2y-z=-2$. Esto indica que el sistema es indeterminado. Para resolverlo introducimos: SOLVE([x+y+z=4, x-y+2z=6, 2x+3z=10],[x,y]) sin la z.

Entonces, Derive nos da:
$$x = \frac{10-3z}{2} \land y = \frac{z-2}{2}$$
Quedando z como parámetro.

27. MÉTODO GENERAL PARA RESOLVER SISTEMAS DE ECUACIONES LINEALES.

Sea el sistema de n ecuaciones y p incógnitas siguiente:

$$\left. \begin{matrix} f_{11}x_1 + \ldots + f_{1p}x_p = b_1 \\ f_{21}x_1 + \ldots + f_{2p}x_p = b_2 \\ \ldots \\ f_{n1}x_1 + \ldots + f_{np}x_p = b_n \end{matrix} \right\}$$

Por el teorema de Rouché – Frobenius determinamos si el sistema es incompatible, compatible determinado o indeterminado.

Casos.

- A) Sistema incompatible: no tiene solución.
- B) Sistema compatible determinado: aplicamos regla de Cramer o método de Gauss.
- C) Sistema compatible indeterminado: Sea r $= rango(f) = rango(\bar{f}) < p$.
  - i. Reducimos el sistema a sólo r ecuaciones que sean independientes.
  - ii. Convertimos p – r incógnitas en parámetros.

28. SISTEMAS HOMOGÉNEOS DE ECUACIONES LINEALES.

Dado el sistema homogéneo compatible (indeterminado) siguiente:

$$\left. \begin{matrix} f_{11}x_1 + f_{12}x_2 + f_{13}x_3 = 0 \\ f_{21}x_1 + f_{22}x_2 + f_{23}x_3 = 0 \\ f_{31}x_1 + f_{32}x_2 + f_{33}x_3 = 0 \end{matrix} \right\}$$

Las soluciones vienen dadas por:

$$\frac{x_1}{\begin{vmatrix} f_{12} & f_{13} \\ f_{22} & f_{23} \end{vmatrix}} = \frac{x_2}{\begin{vmatrix} f_{13} & f_{11} \\ f_{23} & f_{21} \end{vmatrix}} = \frac{x_3}{\begin{vmatrix} f_{11} & f_{12} \\ f_{21} & f_{22} \end{vmatrix}} = \lambda$$

Con el convenio de tomar $x_i = 0$, si su denominador es cero.

Ejemplo:

Resolver el sistema homogéneo siguiente: $\left. \begin{array}{r} x+y+z=0 \\ x-y+z=0 \\ 2x+2z=0 \end{array} \right\}$

Solución: $\begin{array}{l} x = 2\lambda \\ y = 0 \\ z = -2\lambda \end{array}$

El conjunto de soluciones es un subespacio vectorial de dimensión 1, dado por:

$S = \{\vec{x}, \ \vec{x} = \lambda \cdot (2,0,-2)\} = <(2,0,-2)>$

TEMA 6: ESPACIO VECTORIAL EUCLÍDEO.

29. PRODUCTO ESCALAR.

En un espacio vectorial real $((E+),(R+\cdot)\cdot)$ se llama **producto escalar** a una aplicación de $E \times E$ en R, que a cada pareja de vectores $(\vec{x},\vec{y})$ hace corresponder un número real que representaremos por $\vec{x}\cdot\vec{y}$ y que cumple las siguientes propiedades:

1) Conmutativa: Si $\vec{x}, \vec{y} \in E$, entonces $\vec{x}\cdot\vec{y} = \vec{y}\cdot\vec{x}$.
2) Bilineal: Si $\vec{x}, \vec{y}, \vec{z} \in E$ y $\alpha, \beta \in R$ entonces:

$$(\alpha\vec{x} + \beta\vec{y})\cdot\vec{z} = \alpha(\vec{x}\cdot\vec{z}) + \beta(\vec{y}\cdot\vec{z})$$

3) Estrictamente definida positiva: Si $\vec{x} \in E - \{\vec{0}\}$ entonces $\vec{x}\cdot\vec{x} > 0$

Llamamos producto escalar de los vectores $\vec{x}$ e $\vec{y}$ al número real $\vec{x}\cdot\vec{y}$.

Propiedad: $\vec{x}\cdot\vec{x} = 0 \Leftrightarrow \vec{x} = 0$

Ejemplo: Comprobad que $\vec{x}\cdot\vec{y} = x_1 y_1 + x_2 y_2$ cumple las propiedades anteriores de producto escalar, siendo $\vec{x} = (x_1, x_2)$, $\vec{y} = (y_1, y_2)$ vectores de R^2.

Ejemplo (en grupo): Estudiar si en R^2 la expresión $\vec{x}\cdot\vec{y} = (x_1, x_2)\begin{bmatrix}1 & 2\\2 & 1\end{bmatrix}\begin{pmatrix}y_1\\y_2\end{pmatrix}$ define un producto escalar.

30. MATRIZ DE GRAM.

Sea $V = \{\vec{v}_1, ..., \vec{v}_n\}$ una base del espacio vectorial E.

El producto escalar $\cdot$ en E queda definido al conocer los productos escalares $g_{ij} = \vec{v}_i \cdot \vec{v}_j$ de los elementos de la base V.

Demostración:
$\vec{x} = x_1\vec{v}_1 + ... + x_n\vec{v}_n$; $\quad \vec{y} = y_1\vec{v}_1 + ... + y_n\vec{v}_n$

$$\vec{x}\cdot\vec{y} = \left(\sum_{i=1}^{n} x_i \vec{v}_i\right)\cdot\left(\sum_{j=1}^{n} y_j \vec{v}_j\right) = \sum_{i,j} x_i y_j (\vec{v}_i \cdot \vec{v}_j) = \sum_{i,j} x_i g_{ij} y_j$$

Si lo expresamos matricialmente, tenemos la definición de **Matriz de Gram**:

$$\vec{x}\cdot\vec{y} = (x_1,...,x_n)\begin{bmatrix} g_{11} & \cdots & g_{1n} \\ \cdots & \cdots & \cdots \\ g_{n1} & \cdots & g_{nn} \end{bmatrix}\begin{pmatrix} y_1 \\ \cdots \\ y_n \end{pmatrix}$$

Ejemplo: Hallar la matriz de Gram del producto escalar de arriba, tomando como base $V = \{\vec{e}_1 + \vec{e}_2, 3\vec{e}_1 - \vec{e}_2\}$ donde $\vec{e}_1 = (1,0)$, $\vec{e}_2 = (0,1)$.

Solución: $g_{ij} = \begin{bmatrix} 2 & 2 \\ 2 & 10 \end{bmatrix}$

Propiedades de la Matriz de Gram:

a) Es simétrica: $g_{ij} = g_{ji}$

b) Es regular: existe la matriz inversa g^{-1}

31. ESPACIO VECTORIAL EUCLÍDEO.

Se llama espacio vectorial euclídeo a un espacio vectorial real de dimensión finita $((E+),(R+\;\cdot)\cdot)$ que posee además un producto escalar, que lo representaremos por $\vec{x}\cdot\vec{y}$. Se representa por (E, ·).

Ejemplo: R^2 es un espacio vectorial euclídeo con el producto escalar $\vec{x}\cdot\vec{y} = x_1 y_1 + x_2 y_2$

Además: $d(OX) = \sqrt{\vec{x}\cdot\vec{x}}$.

Igual ocurre con R^3, R^4, etc.

Definición: En un espacio vectorial euclídeo (E, ·) el número real $+\sqrt{\vec{x}\cdot\vec{x}}$ se llama NORMA del vector $\vec{x}$ y se representa por $\|\vec{x}\|$. Por tanto:

$$\|\vec{x}\| = +\sqrt{\vec{x}\cdot\vec{x}}$$

Ejemplo: Hallar las normas de los vectores (1, 1); (1, -1); (3, 2) siendo el producto escalar el definido por $\vec{x}\cdot\vec{y} = (x_1, x_2)\begin{bmatrix}1 & 2\\2 & 1\end{bmatrix}\begin{pmatrix}y_1\\y_2\end{pmatrix}$

Solución: Las normas son $\sqrt{5}$, 1 y $\sqrt{34}$ respectivamente.

32. IGUALDADES EN ESPACIOS VECTORIALES EUCLÍDEOS.

1) $\|\vec{x}\| = 0 \iff \vec{x} = \vec{0}$

2) $\|\lambda\vec{x}\| = \lambda\|\vec{x}\|$

3) $\|\vec{x}+\vec{y}\|^2 + \|\vec{x}-\vec{y}\|^2 = 2(\|\vec{x}\|^2 + \|\vec{y}\|^2)$

33. DESIGUALDADES EN ESPACIOS VECTORIALES EUCLÍDEOS.

1) En un espacio vectorial euclídeo (E, ·) el valor absoluto del producto escalar de dos vectores es menor o igual que el producto de sus normas.

$$\|\vec{x}\cdot\vec{y}\| \leq \|\vec{x}\|\cdot\|\vec{y}\|$$ **Desigualdad de Cauchy – Schwarz.**

- Esta desigualdad se convierte en igualdad si $\vec{x}, \vec{y}$ son linealmente dependientes.
- El ángulo que forman $\vec{x}$ e $\vec{y}$ se define como:

$$\cos\theta = \frac{\vec{x}\cdot\vec{y}}{\|\vec{x}\|\|\vec{y}\|}$$

2) **Desigualdad triangular o de Minkowski.**

$$\|\vec{x}+\vec{y}\| \leq \|\vec{x}\| + \|\vec{y}\|$$

34. ORTOGONALIDAD.

- En el espacio euclídeo (E, ·) se dice que los vectores $\vec{x}$ e $\vec{y}$ son ortogonales si su producto escalar es nulo. $\vec{x}\cdot\vec{y} = 0$.

Nota: En R^2 o R^3 con base canónica y producto escalar habitual, esto equivale a ser perpendiculares.

- Un sistema de vectores $\{\vec{x}_1, \vec{x}_2, ..., \vec{x}_n\}$ se dice que es un **sistema ortogonal** si cada vector del sistema es ortogonal a todos los demás.

- **Teorema:** Todo sistema ortogonal es libre. El recíproco no es cierto.

- La base canónica es un sistema ortogonal (y ortonormal).

Definición:
- **Vector normal:** aquel cuya norma es 1.
- **Sistema ortonormal:** sistema de vectores ortogonales cuyos vectores son todos de norma 1.

35. MÉTODO DE ORTOGONALIZACIÓN DE SCHMIDT.

Se trata de obtener una base ortonormal $\{\vec{u}_1, ..., \vec{u}_n\}$ partiendo de una base cualquiera $\{\vec{v}_1, ..., \vec{v}_n\}$.

Pasos a seguir:

1) Creamos una base ortogonal $\{\vec{t}_1, ..., \vec{t}_n\}$ dada por:

$\vec{t}_1 = \vec{v}_1$
$\vec{t}_2 = \vec{v}_2 + \alpha \vec{v}_1$. Se obtiene α de la condición $\vec{t}_1 \cdot \vec{t}_2 = 0$.
$\vec{t}_3 = \vec{v}_3 + \beta_1 \vec{v}_1 + \beta_2 \vec{v}_2$. Los números β_1 y β_2 son las soluciones de $\vec{t}_1 \cdot \vec{t}_3 = 0;\ \vec{t}_2 \cdot \vec{t}_3 = 0$.

Y así sucesivamente hasta $\vec{t}_n$.

2) Se normaliza la base:
$$\vec{u}_i = \frac{\vec{t}_i}{\|\vec{t}_i\|}$$

Ejemplo para el alumno: En R^3 y partiendo de la base

$$\vec{v}_1 = \vec{e}_1 - \vec{e}_2$$
$$\vec{v}_2 = \vec{e}_2 - \vec{e}_3$$
$$\vec{v}_3 = 3\vec{e}_1 + \vec{e}_2 - \vec{e}_3$$

obtener una base ortonormal.

- Dos espacios vectoriales euclídeos (E, ·) y (F, ·) se dice que son **isomorfos** si existe una aplicación f de E sobre F lineal y biyectiva tal que:

$$f(\vec{x})\cdot f(\vec{y}) = \vec{x}\cdot\vec{y} \quad \forall \vec{x},\vec{y} \in E$$

- Se dice entonces que f es un **isomorfismo** o una **transformación ortogonal** entre los espacios vectoriales euclídeos (E, ·) y (F, ·).

36. ENDOMORFISMOS ORTOGONALES. MATRICES ORTOGONALES.

- Un **endomorfismo** $f: R^n \to R^n$ definido en el espacio euclídeo $(R^n, \cdot)$ es **ortogonal** sí y sólo sí transforma una base ortonormal de $(R^n, \cdot)$ en otra base ortonormal de $(R^n, \cdot)$.

- Por tanto, transforma la base canónica $U = \{\vec{e}_1,...,\vec{e}_n\}$ en otra base ortonormal $\{f(\vec{e}_1),...,f(\vec{e}_n)\}$

- La matriz del endomorfismo f

$$(f)_{U,U} = \begin{bmatrix} f_{11} & \cdots & f_{1n} \\ \cdots & \cdots & \cdots \\ f_{n1} & \cdots & f_{nn} \end{bmatrix}$$

cumple que:

1) El producto escalar de dos columnas distintas es siempre cero.
2) La matriz traspuesta coincide con la inversa.
3) El producto escalar de dos filas distintas es cero.
4) El producto escalar de una fila (o columna) por sí misma es uno.

37. LOS ENDOMORFISMOS ORTOGONALES DEL ESPACIO EUCLIDEO $(R^2, \cdot)$.

Las imágenes de la base canónica $\{\vec{e_1}, \vec{e_2}\}$ son $\{\vec{v_1}, \vec{v_2}\}$ también ortonormales.
Si lo representamos gráficamente sólo hay dos opciones:

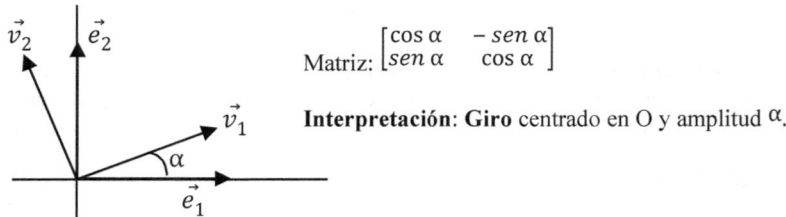

Matriz: $\begin{bmatrix} \cos \alpha & -sen\, \alpha \\ sen\, \alpha & \cos \alpha \end{bmatrix}$

Interpretación: Giro centrado en O y amplitud α.

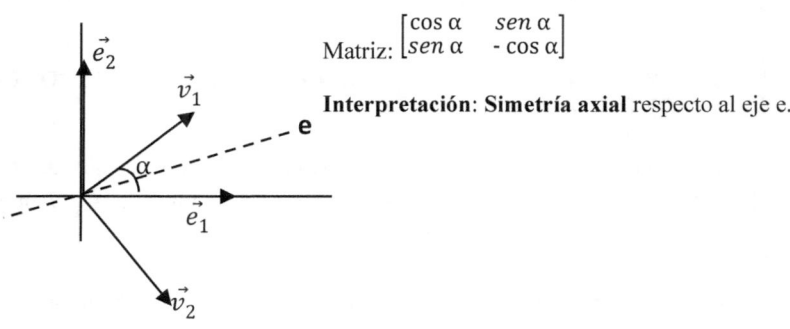

Matriz: $\begin{bmatrix} \cos \alpha & sen\, \alpha \\ sen\, \alpha & -\cos \alpha \end{bmatrix}$

Interpretación: Simetría axial respecto al eje e.

38. ENDOMORFISMOS ORTOGONALES DEL ESPACIO EUCLÍDEO $(R^3, \cdot)$. ÁNGULOS DE EULER.

Sea $\{\vec{v}_1, \vec{v}_2, \vec{v}_3\}$ la base ortonormal de la base canónica $\{\vec{e}_1, \vec{e}_2, \vec{e}_3\}$

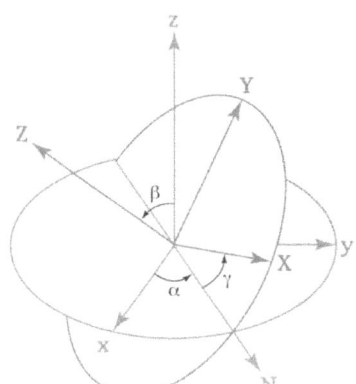

Suponemos que al girar un sacacorchos de $\vec{e}_1$ a $\vec{e}_2$ avanza según $\vec{e}_3$.

Suponemos que al girar un sacacorchos de $\vec{v}_1$ a $\vec{v}_2$ avanza según $\vec{v}_3$.

Vamos a descomponer el endomorfismo f en el producto de 3 giros cuyas amplitudes φ, θ, ψ llamaremos **ángulos de Euler**.

Los pasos para transformar $\{\vec{e}_1, \vec{e}_2, \vec{e}_3\}$ en $\{\vec{v}_1, \vec{v}_2, \vec{v}_3\}$ son:

1º) $\{\vec{e}_1, \vec{e}_2, \vec{e}_3\}$: Se pasa de la 1ª base a la 2ª con un giro del eje OX_3 y amplitud el ángulo φ formado por los vectores $\vec{e}_1$ y $\vec{t}$.

2º) $\{\vec{t}, \vec{s}, \vec{e}_3\}$: Se pasa de la 2ª base a la 3ª base con un giro del eje OT y amplitud el ángulo θ formado por $\vec{e}_3$ y $\vec{v}_3$.

3º) $\{\vec{t}, \vec{w}, \vec{v}_3\}$: Se pasa de la 3ª a la 4ª base con un giro de eje OY_3 y amplitud el ángulo ψ formado por $\vec{t}$ y $\vec{v}_1$.

4º) $\{\vec{v}_1, \vec{v}_2, \vec{v}_3\}$.

39. SUBESPACIOS VECTORIALES ORTOGONALES.

En un espacio vectorial euclídeo $(E, \cdot)$ se dice que los subespacios vectoriales S_1 y S_2 son ortogonales si cualquier vector de S_1 es ortogonal a cualquier vector de S_2.

$S_1 \cap S_2 = \{\vec{0}\}$

Teorema: Sea $(E, \cdot)$ un espacio euclídeo de dimensión finita y S un subespacio vectorial de E.

- El subconjunto $S^\perp$ formado por los vectores ortogonales a S es un subespacio vectorial de E.

- $E = S \bigoplus S^\perp$; $S^\perp$ es el suplemento (complemento) ortogonal de S.

- $\dim S^\perp = \dim E - \dim S$

Ejemplo:
Sea $S = \{\lambda \cdot (\vec{e}_1 + \vec{e}_2 + \vec{e}_3), \lambda \in R\}$.
Hallar una base de $S^\perp$.

40. ESPACIO NORMADO.

Un espacio vectorial E se dice que es un **espacio normado** si se ha definido una aplicación de E en R^+ tal que cumple:

1) $\|\vec{x}\| = 0 \Leftrightarrow \vec{x} = \vec{0}$

2) $\|\lambda \cdot \vec{x}\| = \lambda \|\vec{x}\|$, $\forall \lambda \in K$ y $\forall \vec{x} \in E$

3) $\|\vec{x} + \vec{y}\| \leq \|\vec{x}\| + \|\vec{y}\|$

Se llama **norma** de $\vec{x}$ a $\|\vec{x}\|$.

TEMA 7: EL PLANO EUCLÍDEO.

41. ESPACIO MÉTRICO.

- Se llama distancia definida en un conjunto A a una aplicación d definida en $A \times A$ y con valores en $R^+ \cup \{0\}$ tal que:
  1) $d(P,Q) = 0 \Leftrightarrow P = Q$, donde $P, Q \in A$
  2) $d(P,Q) = d(Q,P); \forall P, Q \in A$
  3) $d(P,Q) + d(Q,S) \geq d(P,S), \forall P, Q, S \in A$

- Un par (A, d) formado por un conjunto A y una distancia d definida en A, se llama **espacio métrico**.

Ejemplo: En el conjunto R^2, la expresión

$$d((x_1, x_2),(y_1, y_2)) = +\sqrt{(x_1 - y_1)^2 + (x_2 - y_2)^2}$$

satisface la definición de distancia. Comprobadlo.

42. CONCEPTO DE ESPACIO EUCLÍDEO.

Primero necesitamos la definición de espacio afín: $\rightarrow$ (vectores y puntos)

Espacio afín es una terna (A, E, +) donde:

- A es un conjunto de puntos.
- E es un espacio vectorial.
- El signo + es una ley de composición externa de E en A que a cada pareja $(\vec{x}, P) \in E \times A$ hace corresponder un punto $Q \in A$, dado por: $Q = \vec{x} + P$.

Esta ley debe cumplir las propiedades siguientes:

1) $\vec{x} + (\vec{y} + P) = (\vec{x} + \vec{y}) + P$
2) $\vec{0} + P = P$
3) Dados P y Q, existe un único vector $\vec{x}$ tal que $\vec{x} + P = Q$.

Espacio afín euclídeo es un espacio afín (A, E, +) en el que el espacio vectorial E posee además la estructura de espacio vectorial euclídeo (i.e. tiene producto escalar)

- En este caso la distancia entre dos puntos se define como:

$d(P,Q) = \|\vec{PQ}\|$

Rectas en el espacio afín:

Una recta típica: $r = \{\lambda\vec{v} + D; \lambda \in R\}$, siendo $\vec{v}$ el vector director de la recta y D un punto cualquiera de la recta.

Otra recta típica: $s = \{\lambda\vec{w} + C; \lambda \in R\}$

- Ángulo entre dos rectas:

$\cos(r,s) = \cos(\vec{v},\vec{w}) = \cos\theta = \dfrac{\vec{v}\cdot\vec{w}}{\|\vec{v}\|\|\vec{w}\|}$

- r y s son perpendiculares sí y sólo sí $\vec{v}\cdot\vec{w} = 0$

- Si r y s son paralelas, $\dfrac{|\vec{v}\cdot\vec{w}|}{\|\vec{v}\|\|\vec{w}\|} = 1 \Rightarrow |\vec{v}\cdot\vec{w}| = \|\vec{v}\|\|\vec{w}\|$ de donde se deduce que $\vec{v} = \lambda\vec{w}$.

43. EL PLANO EUCLÍDEO.

Nos vamos a centrar en el caso particular del espacio vectorial R^2 con el producto escalar canónico: $(x_1,x_2)\cdot(y_1,y_2) = x_1y_1 + x_2y_2$

Tendremos que:
$\|\vec{x}\| = \sqrt{x_1^2 + x_2^2}$
$\|\vec{y}\| = \sqrt{y_1^2 + y_2^2}$
$\vec{x}\cdot\vec{y} = x_1y_1 + x_2y_2 = \|\vec{x}\|\|\vec{y}\|\cos\alpha$

44. DISTANCIA ENTRE DOS PUNTOS.

La distancia entre dos puntos $A(a_1,a_2)$ y $B(b_1,b_2)$ es:

$d(A,B) = \|\vec{AB}\| = \sqrt{(a_1 - b_1)^2 + (a_2 - b_2)^2}$

45. ECUACIÓN DE UNA RECTA.

- **Ecuaciones paramétricas**: en función del parámetro λ.

$$\text{Sea } r = \{\lambda \vec{v} + D, \lambda \in R\} \implies \begin{array}{l} x = \lambda v_1 + D_1 \\ y = \lambda v_2 + D_2 \end{array}$$

- **Ecuación implícita**: despejamos λ.

$$\frac{x - D_1}{v_1} = \frac{y - D_2}{v_2} \ ; \ v_2(x - D_1) - v_1(y - D_2) = 0 \qquad (*)$$

En general, $A(x - D_1) + B(y - D_2) = 0$. Siendo el vector $\vec{w} = (A, B)$ perpendicular al vector director $\vec{v}$ de la recta.

Como vemos en la ecuación (*), $\left.\begin{array}{l} \vec{w} = (v_2, -v_1) \\ \vec{v} = (v_1, v_2) \end{array}\right\} \ \vec{v} \cdot \vec{w} = 0.$

Nota: Dados A y B, el vector director será el (B,-A)

46. DISTANCIA DE UN PUNTO A UNA RECTA.

$d = \dfrac{\vec{PD} \cdot \vec{w}}{\|\vec{w}\|}$ siendo $\vec{w} \perp \vec{v}$.

Demostración: $\vec{PD} \cdot \vec{w} = \|\vec{PD}\| \|\vec{w}\| \cos \alpha \implies d = \|\vec{PD}\| \cos \alpha$

Ejemplo: Hallar la distancia entre P(1, 1) y la recta que pasa por D(3, 0) y C(0, 4).

Solución: La distancia es 1.

Rectas paralelas: La distancia entre dos rectas paralelas se calcula de la misma manera.
Simplemente, P sería un punto de la recta 1, D un punto de la recta 2 y $\vec{v}$ el vector director de ambas.

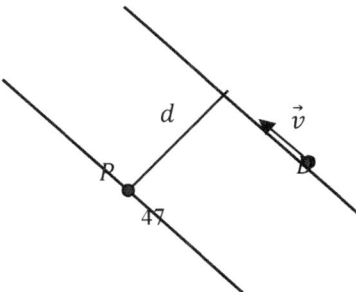

47. ÁNGULO DE DOS RECTAS.

Dadas dos rectas $r = \{\lambda \vec{v}\}$ y $s = \{\lambda \vec{w}\}$ el ángulo que forman las dos rectas será el ángulo que forman sus vectores directores.

$$\cos \alpha = \frac{\vec{v} \cdot \vec{w}}{\|\vec{v}\|\|\vec{w}\|}$$

Ejemplo: Sean $3x+y = 2$ y $2x - 3y = 1$ dos rectas de R^2.
Hallar el ángulo que forman y el punto de corte.

Solución: Ángulo $= \alpha = 95{,}03^o$
Punto de corte: $(7/11, 1/11)$

48. COORDENADAS POLARES.

Consideramos el eje OX.

Las coordenadas polares asignan a cada punto P(x, y) los números ρ y ω tales que ρ es la distancia entre el origen y el punto P; y ω es el ángulo que forma el vector $\vec{OP}$ con el eje $\vec{OX}$.

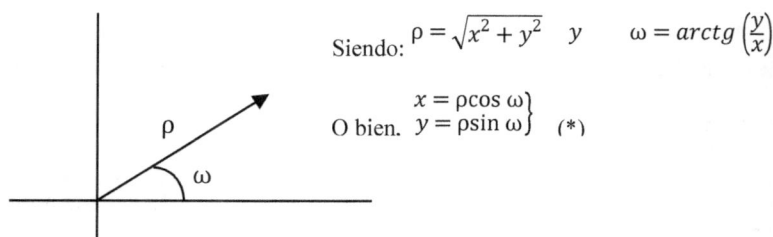

Siendo: $\rho = \sqrt{x^2 + y^2}$ y $\omega = arctg\left(\frac{y}{x}\right)$

O bien. $\left. \begin{array}{l} x = \rho\cos \omega \\ y = \rho\sin \omega \end{array} \right\}$ (*)

Sustituyendo x e y de (*) en la ecuación de la recta $Ax + By + C = 0$, obtenemos la ecuación de la recta en coordenadas polares.

Gráficamente:

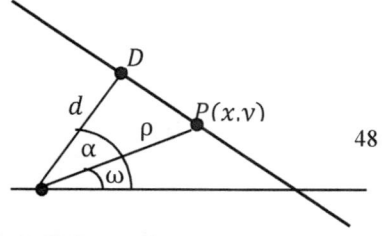

Siendo d la distancia entre O y la recta, tenemos:

$$d = \rho\cos(\alpha - \omega) = \rho[\cos\alpha\cos\omega + \sin\alpha\sin\omega]$$

$$\frac{d}{\rho} = \cos\alpha\cos\omega + \sin\alpha\sin\omega$$

Ecuación general de una recta en coordenadas polares:
$$\frac{1}{\rho} = a\cos\omega + b\sin\omega$$

Donde, $a = \dfrac{\cos\omega}{d}, \quad b = \dfrac{\sin\alpha}{d}$

Si queremos obtener la recta que pasa por (ρ_1, ω_1) y (ρ_2, ω_2) sólo tenemos que resolver el sistema:

$$\left.\begin{array}{l}\dfrac{1}{\rho_1} = a\cos\omega_1 + b\sin\omega_1 \\ \dfrac{1}{\rho_2} = a\cos\omega_2 + b\sin\omega_2\end{array}\right\}$$

Ejemplo: Hallar la ecuación de la recta que une los puntos C (0, 4) y D (3, 0) y expresarla en coordenadas polares.

Solución: Ecuación de la recta en coordenadas cartesianas: $4x + 3y = 12$
Ecuación de la recta en coordenadas polares: $\dfrac{1}{\rho} = \dfrac{1}{3}\cos\omega + \dfrac{3}{12}\sin\omega$

49. LUGARES GEOMÉTRICOS.

Circunferencia: Lugar geométrico de los puntos del plano que distan r de un punto llamado centro.

Ecuación cartesiana: $x^2 + y^2 = r^2$
Ecuación polares: $\rho = r$

Elipse: Lugar geométrico de los puntos del plano cuya suma de distancias a dos puntos fijos F y F' es una constante $2a$

Ecuación cartesiana: $\dfrac{x^2}{a^2}+\dfrac{y^2}{b^2}=1$ donde $b=\sqrt{a^2-c^2}$

Ecuación polares: $\rho=\dfrac{a(1-e^2)}{1+e\cos\omega}$ donde $e=\dfrac{c}{a}$: excentricidad

Nota: Se toma como origen el foco F.

Hipérbola: Lugar geométrico de los puntos del plano cuya diferencia de distancias a dos puntos fijos F y F' es una constante que se llama $2a$

Ecuación cartesiana: $\dfrac{x^2}{a^2}-\dfrac{y^2}{b^2}=1$

Ecuación polares: $\rho=\dfrac{p}{1-e\cos\omega}$ donde $p=\dfrac{b^2}{a}$ y $c=a^2+b^2$

Parábola: Lugar geométrico de los puntos del plano que equidistan de un punto F y una recta d fijos.

F: Foco.
d: recta directriz.
P: distancia del foco a la directriz.

Ecuación cartesiana: $y^2=2px$

Ecuación polares: $\rho=\dfrac{p}{1-\cos\omega}$

TEMA 8: EL ESPACIO EUCLÍDEO R^3.

50. EL ESPACIO EUCLÍDEO R^3.

El espacio euclídeo R^3 es el espacio afín R^3 con la condición adicional de considerar en el espacio vectorial $((R^3 +),(R + \cdot), \cdot)$ el producto escalar canónico:

$$(x_1, x_2, x_3) \cdot (y_1, y_2, y_3) = x_1 y_1 + x_2 y_2 + x_3 y_3$$

Además,

- $\vec{x} \cdot \vec{y} = \|\vec{x}\| \|\vec{y}\| \cos \theta$
- $\|\vec{x}\| = +\sqrt{x_1^2 + x_2^2 + x_3^2}$
- $\cos \theta = \dfrac{x_1 y_1 + x_2 y_2 + x_3 y_3}{\sqrt{x_1^2 + x_2^2 + x_3^2}\sqrt{y_1^2 + y_2^2 + y_3^2}}$ (*)
- Sean α_i los ángulos directores del vector $\vec{x}$: los ángulos que forma con los ejes.

$\cos \alpha_i = \dfrac{x_i}{\|\vec{x}\|}$ $i = 1,2,3$

- Sustituimos en (*)

$\cos \theta = \cos \alpha_1 \cos \beta_1 + \cos \alpha_2 \cos \beta_2 + \cos \alpha_3 \cos \beta_3$

51. PRODUCTO VECTORIAL.

Dados los vectores: $\vec{x} = x_1 \vec{e}_1 + x_2 \vec{e}_2 + x_3 \vec{e}_3$, $\vec{y} = y_1 \vec{e}_1 + y_2 \vec{e}_2 + y_3 \vec{e}_3$; el producto vectorial es:

$$\vec{x} \times \vec{y} = \begin{vmatrix} \vec{e}_1 & \vec{e}_2 & \vec{e}_3 \\ x_1 & x_2 & x_3 \\ y_1 & y_2 & y_3 \end{vmatrix}$$

Propiedades:

1) Bilinealidad: $(\lambda \vec{x} + \mu \vec{z}) \times \vec{y} = \lambda (\vec{x} \times \vec{y}) + \mu (\vec{z} + \vec{y})$
$\vec{x} \times (\lambda \vec{y} + \mu \vec{z}) = \lambda (\vec{x} \times \vec{y}) + \mu (\vec{x} + \vec{z})$

2) Anticonmutatividad: $\vec{x} \times \vec{y} = -\vec{y} \times \vec{x}$

3) $\vec{x} \times \vec{y} = \vec{0}$ $\iff$ Si el sistema $\{\vec{x}, \vec{y}\}$ es linealmente independiente.

4) El producto vectorial $\vec{x} \times \vec{y}$ es ortogonal a $\vec{x}$ y a $\vec{y}$.
5) Se llama **producto mixto** a:

$$[\vec{x},\vec{y},\vec{z}] = \vec{x}\cdot(\vec{y} \times \vec{z}) = \begin{vmatrix} x_1 & x_2 & x_3 \\ y_1 & y_2 & y_3 \\ z_1 & z_2 & z_3 \end{vmatrix}$$

6) Fórmula de expulsión: Doble del producto vectorial.
$\vec{x} \times (\vec{y} \times \vec{z}) = (\vec{x}\cdot\vec{z})\vec{y} - (\vec{x}\cdot\vec{y})\vec{z}$
7) Módulo: $\|\vec{x} \times \vec{y}\| = \|\vec{x}\|\|\vec{y}\||\sin\theta|$
8) $\|\vec{x} \times \vec{y}\|$ coincide con el área del paralelogramo formado por $\vec{x}$ e $\vec{y}$.
9) El módulo del producto mixto $|\vec{x}\cdot(\vec{y} \times \vec{z})|$ es igual al volumen del paralelepípedo de lados $\vec{x}, \vec{y}, \vec{z}$

52. PROBLEMAS MÉTRICOS CON LOS PLANOS.

Forma normal de la ecuación de un plano.

Sea el plano π de ecuación $Ax_1 + Bx_2 + Cx_3 + D = 0$.

Si $P(p_1, p_2, p_3) \in$ al plano, podemos reescribir:

$$A(x_1 - p_1) + B(x_2 - p_2) + C(x_3 - p_3) = 0$$

Por tanto, **el vector** (A,B,C) **es ortogonal** a cualquier vector fijo cuyos extremos pertenezcan al plano $Ax_1 + Bx_2 + Cx_3 + D = 0$.

- Un plano se puede definir por un punto $P(p_1, p_2, p_3)$ y dos vectores directores $\vec{v}, \vec{w}$. Siendo:

$$\pi = \{\vec{x} \in R^3 \mid \vec{x} = P + \lambda\vec{v} + \mu\vec{w}\} \rightarrow \begin{matrix} x_1 = p_1 + \lambda v_1 + \mu w_1 \\ x_2 = p_2 + \lambda v_2 + \mu w_2 \\ x_3 = p_3 + \lambda v_3 + \mu w_3 \end{matrix} \quad (*)$$

- El vector normal a este plano es:

$$\vec{v} \times \vec{w} = \begin{vmatrix} \vec{e}_1 & \vec{e}_2 & \vec{e}_3 \\ v_1 & v_2 & v_3 \\ w_1 & w_2 & w_3 \end{vmatrix} = (A,B,C)$$

- La ecuación normal se obtiene de:

$$\begin{vmatrix} x_1 - p_1 & x_2 - p_2 & x_3 - p_3 \\ v_1 & v_2 & v_3 \\ w_1 & w_2 & w_3 \end{vmatrix} = 0$$

Esto supone que el rango de (*) es 2 y por tanto el sistema de ecuaciones con dos incógnitas λ, μ es compatible.

Ejemplo.

Obtener la ecuación normal del plano dado por:
$(x_1, x_2, x_3) = \lambda(1,2,1) + \mu(3,2,1) + (3,6,7)$

Solución: $2x_2 - 4x_3 + 16 = 0$

Ángulo de dos planos.

El ángulo diedro θ formado por dos planos es el ángulo formado por sus vectores normales (A,B,C) y (A',B',C').

$$\cos\theta = \frac{AA' + BB' + CC'}{\sqrt{A^2 + B^2 + C^2}\sqrt{A'^2 + B'^2 + C'^2}}$$

Distancia de un punto a un plano.

Sea el punto $H = (h_1, h_2, h_3)$ y el plano $\pi: Ax_1 + Bx_2 + Cx_3 + D = 0$

La distancia del punto H al plano π viene dada por:

$$d(H,\pi) = \frac{|Ah_1 + Bh_2 + Ch_3 + D|}{\sqrt{A^2 + B^2 + C^2}}$$

Que se deduce de la proyección del vector $\vec{PH}$ sobre la normal al plano. Siendo el punto P, un punto cualquiera del plano.

Distancia entre dos planos paralelos.

Dados los planos paralelos $\pi: Ax_1 + Bx_2 + Cx_3 + D = 0$ y $\pi': Ax_1 + Bx_2 + Cx_3 + D' = 0$

La distancia será:

$$d(\pi,\pi') = \frac{|D' - D|}{\sqrt{A^2 + B^2 + C^2}}$$

53. PROBLEMAS MÉTRICOS DE RECTAS.

La recta que pasa por el punto D y que tiene como vector director $\vec{v}$, será
$\vec{x} = \lambda\vec{v} + D$

Distancia entre dos puntos de una misma recta.
$d(x,y) = \|\vec{XY}\| = \|\vec{DY} - \vec{DX}\| = \|\lambda_2\vec{v} - \lambda_1\vec{v}\| = (\lambda_2 - \lambda_1)\|\vec{v}\|$

Ángulo entre dos rectas.
Es el ángulo que forman sus vectores directores.

$$\cos\theta = \frac{\vec{v}\cdot\vec{w}}{\|\vec{v}\|\|\vec{w}\|}$$

Distancia de un punto a una recta.

Tenemos que $|\vec{DP}\times\vec{v}| = \|\vec{DP}\|\|\vec{v}\|\sin\alpha = \|\vec{v}\|\cdot d$

Luego,

$$d(P,r) = \frac{|\vec{DP}\times\vec{v}|}{\|\vec{v}\|}$$

Siendo D un punto cualquiera de la recta y $\vec{v}$ el vector director de la misma.

Distancia entre dos rectas paralelas.

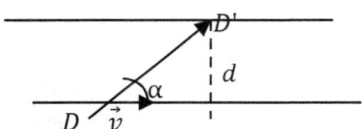

$$d(r,r') = \frac{|\vec{DD'}\times\vec{v}|}{\|\vec{v}\|}$$

Distancia entre rectas que se cruzan (pero no se cortan)

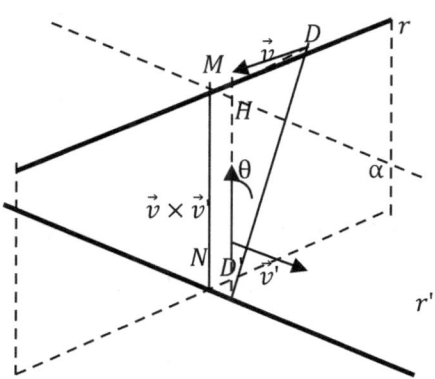

$r: x = \lambda\vec{v} + D$

$r': x = \lambda\vec{v'} + D'$

El vector $\vec{v}\times\vec{v'}$ es perpendicular a las dos rectas.
El plano α contiene a r y es paralelo a $\vec{v}\times\vec{v'}$.

El segmento MN es perpendicular a r y a r'.

Luego,

$$d(r,r') = \|\vec{MN}\| = |d(D'D)\cos\theta| = \frac{|\vec{DD'}\cdot(\vec{v}\times\vec{v'})|}{\|\vec{v}\times\vec{v'}\|} = \frac{\mod\begin{vmatrix} v_1 & v_2 & v_3 \\ v_1' & v_2' & v_3' \\ d_1-d_1' & d_2-d_2' & d_3-d_3' \end{vmatrix}}{\|\vec{v}\times\vec{v'}\|}$$

54. PROBLEMAS MÉTRICOS ENTRE RECTAS Y PLANOS.

Ángulo entre recta y plano.

El ángulo φ formado por una recta $r: x = \lambda\vec{v} + D$ y un plano $\pi: Ax_1 + Bx_2 + Cx_3 + K = 0$ es el complementario del ángulo θ formado por los vectores $\vec{v}$ y (A,B,C).

$$\sin\varphi = \cos\theta = \frac{Av_1 + Bv_2 + Cv_3}{\sqrt{A^2+B^2+C^2}\sqrt{v_1^2+v_2^2+v_3^2}}$$

Distancia entre una recta y un plano paralelos.

Si una recta y un plano son paralelos, se cumple que $Av_1 + Bv_2 + Cv_3 = 0$.

La distancia es,

$$d(r,\pi) = d(D,\pi) = \frac{Ad_1 + Bd_2 + Cd_3 + K}{\sqrt{A^2+B^2+C^2}}$$

Siendo D un punto cualquiera de la recta.

55. FÓRMULAS DEL CAMBIO DE SISTEMA DE REFERENCIA.

Sean $(O,\{\vec{e}_1,\vec{e}_2,\vec{e}_3\})$ y $(O,\{\vec{v}_1,\vec{v}_2,\vec{v}_3\})$ dos sistemas de referencia ortonormales.

Si:

$$\left.\begin{array}{l}\vec{v}_1 = v_{11}\vec{e}_1 + v_{21}\vec{e}_2 + v_{31}\vec{e}_3\\ \vec{v}_2 = v_{12}\vec{e}_1 + v_{22}\vec{e}_2 + v_{32}\vec{e}_3\\ \vec{v}_3 = v_{13}\vec{e}_1 + v_{23}\vec{e}_2 + v_{33}\vec{e}_3\end{array}\right\}$$

En forma matricial:

$$(\vec{v}_1,\vec{v}_2,\vec{v}_3) = (\vec{e}_1,\vec{e}_2,\vec{e}_3)\begin{bmatrix}v_{11} & v_{12} & v_{13}\\ v_{21} & v_{22} & v_{23}\\ v_{31} & v_{32} & v_{33}\end{bmatrix}$$

Se cumple que, si las coordenadas de un punto son (x_1, x_2, x_3) en el primer sistema de referencia, y son (x_1', x_2', x_3') en el segundo sistema de referencia;

$$\begin{pmatrix}x_1\\ x_2\\ x_3\end{pmatrix} = \begin{bmatrix}v_{11} & v_{12} & v_{13}\\ v_{21} & v_{22} & v_{23}\\ v_{31} & v_{32} & v_{33}\end{bmatrix}\begin{pmatrix}x_1'\\ x_2'\\ x_3'\end{pmatrix}; \qquad X = V \cdot X'$$

Inversamente,

$$\begin{pmatrix}x_1'\\ x_2'\\ x_3'\end{pmatrix} = \begin{bmatrix}v_{11} & v_{12} & v_{13}\\ v_{21} & v_{22} & v_{23}\\ v_{31} & v_{32} & v_{33}\end{bmatrix}^{-1}\begin{pmatrix}x_1\\ x_2\\ x_3\end{pmatrix}; \qquad X' = V^{-1}X = V^T X$$

Ya que, $V^{-1} = V^T$ por ser **ortogonal**.

TEMA 9: DIAGONALIZACIÓN DE UN ENDOMORFISMO.

56. VALORES Y VECTORES PROPIOS.

Sea E un espacio vectorial sobre el cuerpo K y f un endomorfismo definido en E.

Decimos que un vector no nulo $\vec{x} \in E$ es un **vector propio** de f si existe un escalar $\lambda \in K$ tal que $f(\vec{x}) = \lambda \vec{x}$. El escalar se llama **valor propio** de f.

Propiedades de los vectores propios.

1) Un vector propio $\vec{x}$ no puede corresponder a dos valores propios λ y μ.
2) Si $\vec{x}$ es un vector propio del endomorfismo f correspondiente al valor propio λ, entonces cualquier vector $\rho \vec{x}$, $\rho \in K$ es propio y corresponde también al valor propio λ.

Definición.
Un subespacio vectorial $F \subset E$ se dice invariante por el endomorfismo f si $f(F) \subset F$

- Cuando $\vec{x}$ es un vector propio, el subespacio generado por $\vec{x}$ es invariante por el endomorfismo f.

57. CÁLCULO DE LOS VALORES Y VECTORES PROPIOS.

Sea $(f) = \begin{bmatrix} f_{11} & \cdots & f_{1n} \\ \cdots & \cdots & \cdots \\ f_{n1} & \cdots & f_{nn} \end{bmatrix}$ la matriz del endomorfismo f.

La ecuación $f(\vec{x}) = \lambda \vec{x}$ se puede escribir como:

$$(f)\vec{x} = \lambda \vec{x} \quad \to \quad [(f) - \lambda I] \cdot \vec{x} = \vec{0} \qquad (*)$$

Es un **sistema de ecuaciones lineales** que tendrá solución si:

$$\det[(f) - \lambda I] = \begin{vmatrix} f_{11}-\lambda & f_{12} & \cdots & f_{1n} \\ f_{21} & f_{22}-\lambda & \cdots & f_{2n} \\ \cdots & \cdots & \cdots & \cdots \\ f_{n1} & f_{n2} & \cdots & f_{nn}-\lambda \end{vmatrix} = 0$$

O denotado de otra forma: $P_f(\lambda) = 0$. Llamado **polinomio característico de f**.

- Las raíces de $P_f(\lambda): \lambda_1, \lambda_2, ..., \lambda_r$ son los valores propios de f.
- La solución $\vec{x}_i$ del sistema de ecuaciones lineales $[(f) - \lambda_i]\vec{x}_i = \vec{0}$ es el vector propio correspondiente a λ_i.

El problema del cambio de base.

Sea $U = \{\vec{u}_1, ..., \vec{u}_n\}$ una base de E.

Sea $(f)_{U,U}$ la matriz de f en la base U.

Sea $V = \{\vec{v}_1, ..., \vec{v}_n\}$ otra base de E, relacionada con la base U por:

$(\vec{v}_1, ..., \vec{v}_n) = (\vec{u}_1, ..., \vec{u}_n) \cdot [A]$
A es la matriz del cambio de base.

Sabemos que se cumple para todo $\vec{x} \in E$ que:

$$\begin{pmatrix} x_1 \\ ... \\ x_n \end{pmatrix}_U = [A] \begin{pmatrix} x'_1 \\ ... \\ x'_n \end{pmatrix}_V \; ; \qquad \begin{pmatrix} x'_1 \\ ... \\ x'_n \end{pmatrix}_V = [A] \begin{pmatrix} x_1 \\ ... \\ x_n \end{pmatrix}_U$$

Por tanto,

$$f(\vec{x})_U = f_{UU} \cdot \vec{x}_U \quad \rightarrow \quad (A^{-1}f(\vec{x})_U) = (A^{-1}f_{UU}A)(A^{-1}\vec{x}_U) \quad \rightarrow \quad f(\vec{x})_V = (f_{VV}) \cdot \vec{x}_V$$

Luego:

$$(f)_{V,V} = A^{-1} \cdot (f)_{U,U} \cdot A$$

Ejemplo:

En la base canónica $\{\vec{e}_1, \vec{e}_2, \vec{e}_3\}$ la matriz de f es:

$$(f)_{e,e} = \begin{bmatrix} 2 & -2 & 3 \\ 1 & 1 & 1 \\ 1 & 3 & -1 \end{bmatrix}$$

Se pide:
    a) Hallar los valores propios λ_i y los vectores propios $\vec{v}_i$.
    b) Expresar (f) en la base $V = \{\vec{v}_1, \vec{v}_2, \vec{v}_3\}$

Solución:
$\lambda_1 = -2;\ \lambda_2 = 1;\ \lambda_3 = 3$
$\vec{v}_1 = (-11, -1, 14)_e;\ \vec{v}_2 = (-1, 1, 1)_e;\ \vec{v}_3 = (1, 1, 1)_e$

$$(f)_{VV} = \begin{bmatrix} -2 & 0 & 0 \\ 0 & 1 & 0 \\ 0 & 0 & 3 \end{bmatrix}$$

58. ENDOMORFISMOS DIAGONALIZABLES.

- Un endomorfismo es **diagonalizable** si su matriz respecto a cierta base es diagonal.
- Un endomorfismo es diagonalizable sí y sólo sí la suma de las dimensiones de los núcleos de $f - \lambda_i I$ coincide con dim E.
- Caso particular: Si dim E = n y tenemos n λ_i distintos, entonces es diagonalizable.
- Nota: $\dim(Nuc(f - \lambda_i I)) = \dim(<\vec{v}_i>)$, siendo $f(\vec{v}_i) = \lambda_i \vec{v}_i$.

Ejemplo:

Comprobad que el endomorfismo de R^2 correspondiente al giro de amplitud $\dfrac{\pi}{6}$ no es diagonalizable.

Solución:
$P_f(\lambda) = 0$ no tiene soluciones reales.

59. ENDOMORFISMOS SIMÉTRICOS. DIAGONALIZABILIDAD.

- Un endomorfismo f definido en el espacio vectorial euclídeo (E, ·) se dice que es simétrico cuando los productos escalares $f(\vec{x}) \cdot \vec{y} = \vec{x} \cdot f(\vec{y})$ son iguales para cada pareja $\vec{x}$ e $\vec{y}$.
- Su matriz, respecto a una base ortonormal, es simétrica:

$$(f)_{VV} = \begin{bmatrix} f_{11} & f_{12} & \cdots & f_{1n} \\ f_{12} & f_{22} & \cdots & f_{2n} \\ \cdots & \cdots & \cdots & \cdots \\ f_{n1} & f_{n2} & \cdots & f_{nn} \end{bmatrix}$$

- Un vector $\vec{x}_1 \in E$ y de norma unidad se dice que es **maximal** respecto a f si:

$$\|f(\vec{x}_1)\| = supremo\{\|f(\vec{x})\|, \|\vec{x}\| = 1\}$$

- El número real $supremo\{\|f(\vec{x})\|, \|\vec{x}\| = 1\}$ se llama **norma del endomorfismo f** y se representa por $\|f\|$.

LEMA.
Si $\vec{x}_1$ es un vector maximal respecto al endomorfismo simétrico f, entonces $\vec{x}_1$ es un vector propio del endomorfismo f^2 con valor propio $\|f\|^2$.

TEOREMA.
Un endomorfismo simétrico f definido en el espacio vectorial euclídeo E tiene una base de vectores propios ortonormales.

60. DIAGONALIZACIÓN DE MATRICES SIMÉTRICAS.

Vamos a ver un caso particular en R^3.

Tenemos $f: R^3 \to R^3$, su matriz es simétrica:

$$A = \begin{bmatrix} a_{11} & a_{12} & a_{13} \\ a_{12} & a_{22} & a_{23} \\ a_{13} & a_{23} & a_{33} \end{bmatrix}$$

A es la matriz en la base canónica $\{\vec{e}_1, \vec{e}_2, \vec{e}_3\}$

Por lo visto antes, f tiene una base de vectores propios ortonormales $V = \{\vec{v}_1, \vec{v}_2, \vec{v}_3\}$ respecto a la cual la matriz es diagonal.

$$(f)_{VV} = \begin{bmatrix} \lambda_1 & 0 & 0 \\ 0 & \lambda_2 & 0 \\ 0 & 0 & \lambda_3 \end{bmatrix}$$

Conclusión: Toda matriz simétrica es diagonalizable.

Ejemplo: Diagonalizar la matriz $\begin{bmatrix} 3 & \sqrt{20} \\ \sqrt{20} & 4 \end{bmatrix}$.

Solución: Valores propios: $\lambda_1 = 8, \quad \lambda_2 = -1$

Vectores propios: $\vec{v}_1 = (\frac{\sqrt{20}}{5}, 1)$. Si imponemos que $\|\vec{v}_1\| = 1$, entonces $\vec{v}_1 = (\frac{2}{3}, \frac{\sqrt{5}}{3})$.

Por otro lado, y con norma unidad también, $\vec{v}_2 = (\frac{\sqrt{5}}{3}, \frac{-2}{3})$.

De esta manera, además, la matriz de cambio de base es simétrica.

Como vemos $\vec{v}_1 \perp \vec{v}_2$. Además:

$$\begin{bmatrix} 8 & 0 \\ 0 & -1 \end{bmatrix} = \begin{bmatrix} 2/3 & \sqrt{5}/3 \\ \sqrt{5}/3 & -2/3 \end{bmatrix} \begin{bmatrix} 3 & \sqrt{20} \\ \sqrt{20} & 4 \end{bmatrix} \begin{bmatrix} 2/3 & \sqrt{5}/3 \\ \sqrt{5}/3 & -2/3 \end{bmatrix}$$

Se observa que la inversa y la traspuesta de la matriz del cambio de base (y la propia matriz), coinciden.

61. FORMAS CUADRÁTICAS. REDUCCIÓN.

Definición: Sea R^n el espacio euclídeo, $(O, \{\vec{e}_1, ..., \vec{e}_n\})$ el sistema de referencia y A la matriz de un endomorfismo simétrico.

- Se llama **forma cuadrática de orden n** a la aplicación F(x) que a cada punto $X = (x_1, x_2, ..., x_n) \in E$ le hace corresponder el número real:

$$F(x) = (x_1, x_2, ..., x_n) \cdot A \cdot \begin{pmatrix} x_1 \\ x_2 \\ ... \\ x_n \end{pmatrix}$$

- En el caso n=3 tenemos:

$$F(x) = (x_1, x_2, x_3) \begin{bmatrix} a_{11} & a_{12} & a_{13} \\ a_{12} & a_{22} & a_{23} \\ a_{13} & a_{23} & a_{33} \end{bmatrix} \begin{pmatrix} x_1 \\ x_2 \\ x_3 \end{pmatrix} =$$

$$= a_{11}x_1^2 + a_{22}x_2^2 + a_{33}x_3^2 + 2a_{12}x_1x_2 + 2a_{13}x_1x_3 + 2a_{23}x_2x_3$$

- Sea $V = \{\vec{v}_1, \vec{v}_2, \vec{v}_3\}$ la base que diagonaliza A y sean $\begin{pmatrix} y_1 \\ y_2 \\ y_3 \end{pmatrix}$ las coordenadas del punto X en la base V.

Se obtiene que:

$$F(x) = (y_1, y_2, y_3)[(\vec{v}_1, \vec{v}_2, \vec{v}_3)^T \cdot A \cdot (\vec{v}_1, \vec{v}_2, \vec{v}_3)]\begin{pmatrix} y_1 \\ y_2 \\ y_3 \end{pmatrix} =$$

$$(y_1, y_2, y_3)\begin{bmatrix} \lambda_1 & 0 & 0 \\ 0 & \lambda_2 & 0 \\ 0 & 0 & \lambda_3 \end{bmatrix}\begin{pmatrix} y_1 \\ y_2 \\ y_3 \end{pmatrix} = \lambda_1 y_1^2 + \lambda_2 y_2^2 + \lambda_3 y_3^2 \implies$$

- **F es definida positiva** si $\lambda_i \geq 0, \ i = 1, 2, ..., n$ porque $F(x) \geq 0 \quad \forall X \in R^n$.

- **F es estrictamente positiva** si $\lambda_i > 0, \ i = 1, 2, ..., n$ porque $F(x) > 0 \quad \forall X \neq 0 \in R^n$.

Ejemplo: Reducir la forma cuadrática cuya matriz es $A = \begin{bmatrix} 2 & -5 & 0 \\ -5 & -1 & 3 \\ 0 & 3 & 6 \end{bmatrix}$.

TEMA 10: CÓNICAS.

62. PARÁBOLAS.

Toda cónica se puede definir como la intersección de un plano y un cono de doble hoja.

La ecuación general de una cónica sobre el plano R^2 viene dada por :

$$Ax^2 + Bxy + Cy^2 + Dx + Ey + F = 0$$

Parábola: Conjunto de todos los puntos (x,y) que equidistan de una recta fija (**directriz**) y de un punto fijo (**foco**) situado fuera de la recta.

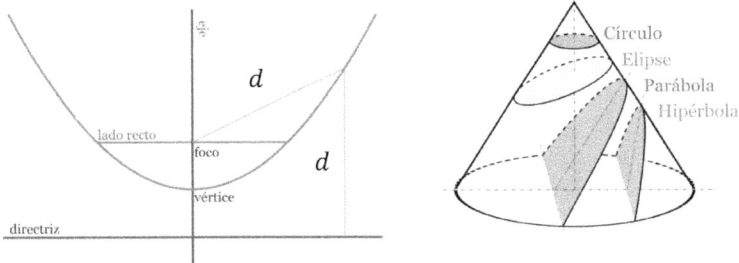

Siendo p la distancia entre el foco y el vértice (y también la distancia entre vértice y directriz)

Ecuación canónica:

$(x-h)^2 = 4p(y-k)$ con vértice (h,k) y directriz $y = k - p$

$(y-h)^2 = 4p(x-k)$ con vértice (h,k) y directriz $x = h - p$

Aplicación: Propiedad reflectora de las parábolas.

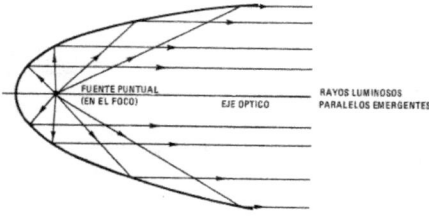

Todos los rayos que salen del foco son reflejados formando un haz paralelo al eje de la parábola.

Se cumple que:

La recta tangente a una parábola en un punto P forma ángulos iguales con:
1) La recta que une P con el foco.
2) La recta que pasa por P y es paralela al eje (es decir, el rayo reflejado)

63. ELIPSES.

Elipse: *Conjunto de puntos* (x,y) *cuya suma de distancias a dos puntos distintos prefijados (focos) es constante (e igual a 2a)*

Ecuación canónica: Sea el centro (h,k), el eje mayor de longitud $2a$ y el menor $2b$, con $a > b$.

- $\dfrac{(x-h)^2}{a^2} + \dfrac{(y-k)^2}{b^2} = 1$ en el caso en que el eje mayor es horizontal.

- $\dfrac{(x-h)^2}{b^2} + \dfrac{(y-k)^2}{a^2} = 1$ en el caso en que el eje mayor es vertical.

La distancia entre los focos será $2c$, con $c^2 = a^2 - b^2$.

Ejemplo: Hallar la ecuación de la elipse que tiene los focos en los puntos $(0,1)$ y $(4,1)$ y con un eje mayor de longitud 6.

Solución: $\dfrac{(x-2)^2}{9} + \dfrac{(y-1)^2}{5} = 1$

Ejemplo: ¿Cuál es el área de una elipse?.

Solución: Sea la elipse $\dfrac{x^2}{a^2} + \dfrac{y^2}{b^2} = 1$. Si nos restringimos al primer cuadrante, tenemos que
$y = \dfrac{b}{a}\sqrt{a^2 - x^2}$

Por tanto, el área será:
$$A = 4\int_0^a \dfrac{b}{a}\sqrt{a^2 - x^2}\,dx = DERIVE = \pi ab$$

Excentricidad:

Se llama excentricidad al cociente $e = \dfrac{c}{a}$. Varía entre 0 y 1, siendo 0 para un círculo perfecto y 1 para una línea recta.

Ejemplos: Excentricidades de las órbitas de los planetas del Sistema Solar.

Mercurio	0.206
Venus	0.007
Tierra	0.017
Luna	0.055
Marte	0.093
Júpiter	0.048
Saturno	0.054
Urano	0.046
Neptuno	0.008
Plutón	0.248

64. HIPÉRBOLAS.

Hipérbola: Conjunto de puntos (x,y) para los que la diferencia de sus distancias a dos puntos distintos prefijados (focos) es constante e igual a *2a*.

Ecuación canónica:

- $\dfrac{(x-h)^2}{a^2} - \dfrac{(y-k)^2}{b^2} = 1$ en el caso en que el eje mayor (el que contiene los focos) es horizontal

- $\dfrac{(y-k)^2}{a^2} - \dfrac{(x-h)^2}{b^2} = 1$ en el caso en que el eje mayor es vertical.

Siendo $b^2 = c^2 - a^2$.

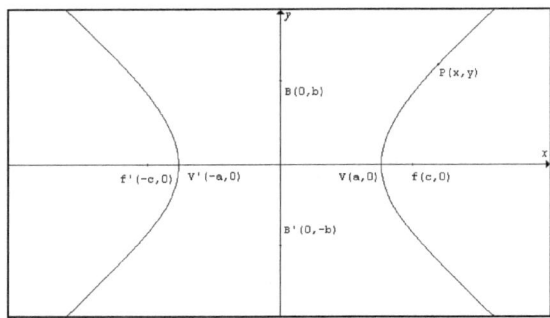

Asíntotas de una hipérbola.

Si el eje es horizontal las asíntotas son: $y = k \pm \dfrac{b}{a}(x-h)$

Si el eje es vertical las asíntotas son: $y = k \pm \dfrac{a}{b}(x-h)$

Ejemplo: Dibujar la hipérbola $4x^2 - 3y^2 + 8x + 16 = 0$ y hallar las ecuaciones de sus asíntotas.

Solución: Completando cuadrados se halla su ecuación canónica.
$\dfrac{y^2}{4} - \dfrac{(x+1)^2}{3} = 1$

Las asíntotas son: $y = \pm \dfrac{2}{\sqrt{3}}(x+1)$

Ejemplo: Una aplicación de las hipérbolas.

Dos micrófonos separados 1 km graban una explosión. El sonido llega al micro A 2 segundos antes que al B. ¿En qué punto ocurrió la explosión?

Solución:
La distancia Explosión – Micro B es $2 \cdot 340\,m = 680\,m$ superior a la distancia Explosión – Micro A.

El conjunto de puntos del plano que están 680 m más lejos del punto B que del A es la rama derecha de una hipérbola.

$|d_1 - d_2| = 2a; \quad a = 340\,m$
$1000m = 2c; \quad c = 500\,m$
$b = \sqrt{c^2 - a^2} = 366,6\,m$

La ecuación es:
$$\frac{x^2}{340^2} - \frac{y^2}{366,6^2} = 1$$

La explosión podría haber ocurrido en cualquier punto de la hipérbola.

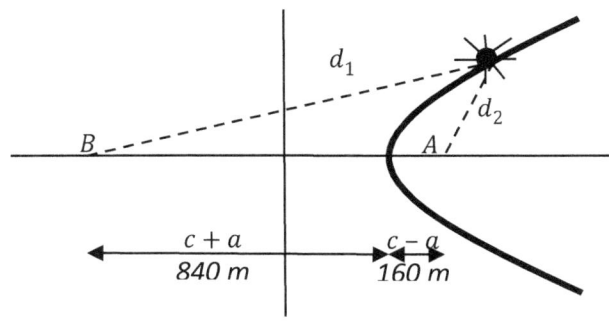

65. ROTACIONES Y LA ECUACIÓN GENERAL DE SEGUNDO GRADO.

Si la cónica está girada respecto al origen, su ecuación general es de la forma:

$Ax^2 + Bxy + Cy^2 + Dx + Ey + F = 0$

En las ecuaciones canónicas vistas hasta ahora no había término xy.

Para eliminarlo hay que rotar los ejes. En los nuevos ejes X', Y' la ecuación queda:

$A'(x')^2 + C'(y')^2 + D'x' + E'y' + F' = 0$

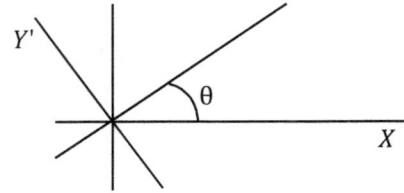

Teorema: El ángulo de giro θ cumple que:

$$tg\, 2\theta = \frac{B}{A-C} \qquad por\ tanto \qquad \begin{aligned} x &= x'\cos\theta - y'\sin\theta \\ y &= x'\sin\theta + y'\cos\theta \end{aligned}$$

Ejemplo: Escribir $xy - 1 = 0$ en forma canónica.

Solución:

$$\left.\begin{aligned} B &= 1 \\ F &= -1 \\ A = C = D = E &= 0 \end{aligned}\right\} \quad tg\, 2\theta = \frac{1}{0}; \quad \to \quad \begin{aligned} \sin 2\theta &= 1 \\ \cos 2\theta &= 0 \end{aligned}$$

Por tanto, $\theta = \frac{\pi}{4}$.

El cambio de coordenadas es:

$$x = \frac{x' - y'}{\sqrt{2}}; \quad y = \frac{x' + y'}{\sqrt{2}}$$

La ecuación en las nuevas coordenadas, queda:

$$\frac{(x')^2}{2} - \frac{(y')^2}{2} = 1$$

Por tanto, es una **hipérbola** centrada en el origen y con $a = b = \sqrt{2},\ c = 2$.

Invariantes bajo rotación.
- La rotación de ángulo θ de los ejes coordenados tiene los siguientes invariantes:
$$F = F'$$
$$A + C = A' + C'$$
$$B^2 - 4AC = (B')^2 - 4A'C'$$

- Como $B' = 0$ se reduce a $B^2 - 4AC = -4A'C'$. A esta cantidad se le llama **discriminante** de la ecuación.

Clasificación de las cónicas según el discriminante:

1) **Elipse o círculo:** Cuando $B^2 - 4AC < 0$

2) **Parábola:** Cuando $B^2 - 4AC = 0$

PROBLEMAS DE ÁLGEBRA

PROBLEMAS TEMA 1. LA ESTRUCTURA DEL ESPACIO VECTORIAL.

1. Justificar si $(V + \cdot)$, siendo $V = \{a + b\sqrt{7} : a \in Z, b \in Z\}$ es o no un espacio *vectorial* sobre el cuerpo $(Q + \cdot)$. Las leyes de composición $+$ y $\cdot$ se definen así:

$$(a + b\sqrt{7}) + (a' + b'\sqrt{7}) = (a + a') + (b + b')\sqrt{7}$$
$$\lambda \cdot (a + b\sqrt{7}) = \lambda a + \lambda b \sqrt{7}$$

2. Probar que es un espacio vectorial $(E + \cdot)$ sobre un cuerpo conmutativo $(K + \cdot)$, la conmutatividad de la ley $+$ en E es una propiedad que se deduce de las otras exigidas en la definición de esa estructura.

3. En Q X Q se definen:
   La adición $+$ así: $(a,b) + (a',b') = (a + a', b + b')$
   Y la multiplicación $\cdot$ de un número racional λ por (a,b) así:
   $$\lambda \cdot (a,b) = (\lambda a, 0)$$
   Justificar si $(Q \times Q, +, \cdot)$ es o no un espacio vectorial sobre el cuerpo $(Q, *, \cdot)$.

4. Justificar que en el espacio vectorial $((R^2 +), (R + \cdot), \cdot)$ son subespacios vectoriales los subconjuntos siguientes:
   $$S_1 = \{(x,y) \in R^2; x + y = 0\}$$
   $$S_2 = \{(x,y) \in R^2; 9x - y = 0\}$$

5. Justificar que en el espacio vectorial $((R^3 +), (R + \cdot), \cdot)$ es subespacio vectorial el subconjunto $S = \{(x,y,z) \in R^3; x - 3y + 8z = 0\}$ y encontrar un sistema generador de dicho subespacio.

6. Sea E un espacio vectorial. Sabiendo que los vectores $\vec{x}_1, \vec{x}_2, ..., \vec{x}_n$ son linealmente independientes, demostrar que también son linealmente independientes los vectores
   $$\vec{y}_1 = \vec{x}_1 + \vec{x}_2 + ... + \vec{x}_n$$
   $$\vec{y}_1 = \vec{x}_2 + ... + \vec{x}_n$$
   $$...............................$$
   $$...............................$$
   $$\vec{y}_1 = \vec{x}_n$$

7. Supongamos que en el espacio vectorial E sobre el cuerpo K el sistema $\{\vec{x}_1, ..., \vec{x}_n\}$ es libre, en tanto que el sistema $\{\vec{x}_1, ..., \vec{x}_n, \vec{x}\}$ es ligado. Demostrar que el vector $\vec{x}$ es una combinación lineal de los vectores $\vec{x}_1, ..., \vec{x}_n$.

8. Demostrar que el conjunto de vectores $B = \{1, x, x^2, x^3\}$ es una base de $P_3(x)$, que es el espacio vectorial de los polinomios de grado menor o igual a tres. Probar que otra base está formada por los vectores $\{(1 + x)^3, x(1 + x)^2, x^2(1 + x), x^3\}$ y hallar respecto a esta base las componentes del vector $1 + 2x + 3x^2 + 4x^3$.

9. Demostrar que el siguiente subconjunto S de R^4, $S = \{(x_1, x_2, x_3, x_4); x_1 + x_2 = 1\}$ no es un subespacio vectorial.

10. En el espacio vectorial R^3 hallar una base que contenga al vector (2, 1, 3).

11. En el espacio vectorial R^2 se considera el subconjunto
$$S = \{(x_1, x_2) \in R^2 ; x_1 - 2x_2 = 0\}$$
Demostrar que es un subespacio vectorial de R^2.

12. Construir un espacio vectorial de dimensión 3 y que tenga 27 elementos.

13. Sea E el conjunto de sucesiones de números reales en el que se han definido las operaciones siguientes:
$\{a_n\} + \{b_n\} = \{a_n + b_n\}$
$\lambda \cdot \{a_n\} = \{\lambda\, a_n\} \quad \lambda \in R$
Demostrar que E es un espacio vectorial real.

PROBLEMAS TEMA 2. DETERMINANTES.

1. Estudiar la dependencia o independencia lineal de los vectores
   $\vec{a} = (2,0,1)$, $\vec{b} = (1,-1,2)$ y $\vec{c} = (1,1,-1)$.

2. Calcular el valor del determinante $\begin{vmatrix} 1 & 1 & 1 & 1 \\ 1 & 1+a & 1 & 1 \\ 1 & 1 & 1+b & 1 \\ 1 & 1 & 1 & 1+c \end{vmatrix}$

3. Demostrar que el determinante siguiente es nulo. $\begin{vmatrix} 1 & 1 & 1 \\ a & b & c \\ b+c & c+a & a+b \end{vmatrix}$

4. En el espacio vectorial $\mathbf{R}^5$ se consideran los vectores
   $\vec{v}_1 = (5,7,6,8,5)$, $\vec{v}_2 = (1,2,0,2,2)$,
   $\vec{v}_3 = (2,4,2,4,4)$, $\vec{v}_4 = (2,3,2,4,3)$, $\vec{v}_5 = (3,5,4,6,4)$. Probar que es una base de $\mathbf{R}^5$

5. Resolver la ecuación $P(x) = \begin{vmatrix} x & a & b & c \\ a & x & b & c \\ a & b & x & c \\ a & b & c & x \end{vmatrix} = 0$

Nota: Estos determinantes se resolverán con DERIVE.

PROBLEMA EN GRUPOS.

Una promotora quiere decorar uno de sus edificios con una franja de color que simule el corte que haría un plano inclinado imaginario en él. Para ello la única condición es que los cuatro puntos de corte sobre las aristas tengan alturas diferentes sobre el suelo.

El edificio tiene planta rectangular de 20 x 30 metros y una altura de 60 metros.

Se pide:
- Calcular las alturas de cada uno de los cuatro puntos de intersección entre plano y aristas.
- Calcular aproximadamente la superficie de la franja de color si su anchura es de dos metros.

Nota: La solución no es única.

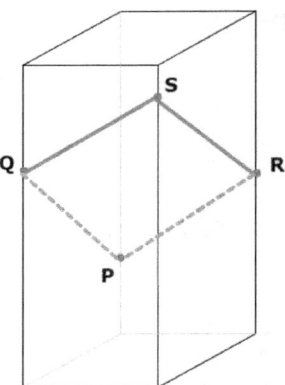

PROBLEMAS TEMA 3. MATRICES.

1. Calcular las matrices A y B de tipo 3x2 sabiendo que:

$$2A - B = \begin{bmatrix} 5 & 12 & 7 \\ 4 & 2 & 7 \end{bmatrix}$$

$$3A + 2B = \begin{bmatrix} 11 & 25 & 0 \\ 20 & 10 & 35 \end{bmatrix}$$

2. Con ayuda del cálculo matricial, expresar x_1 y x_2 en función de y_1 e y_2 teniendo en cuenta las relaciones siguientes:

$x_1 = 2t_1 - 3t_2; \quad x_2 = t_1 + t_2.$
$t_1 = 4z_1 - 3z_2; \quad t_2 = z_1 - z_2.$
$z_1 = 2y_1 - y_2; \quad z_2 = 3y_1 + 4y_2.$

3. Hallar las matrices simétricas de segundo orden tales que $A^2 = A$.

4. Dos matrices A y B satisfacen las relaciones:

$$A + B = \begin{bmatrix} 3 & 2 \\ 7 & 0 \end{bmatrix}$$

$$A - B = \begin{bmatrix} 2 & 3 \\ -1 & 0 \end{bmatrix}$$

Se pide hallar $A^2 + B^2$.

5. Dada la matriz $A = \begin{bmatrix} 1 & 1/n & 1/n \\ 0 & 1 & 0 \\ 0 & 0 & 1 \end{bmatrix}$ calcular A^n.

6. Hallar la matriz inversa de $A = \begin{bmatrix} 5 & 4 & 2 \\ 2 & 2 & 3 \\ 7 & 6 & 6 \end{bmatrix}$.

7. Resolver la ecuación siguiente:

$$\begin{bmatrix} 3 & 2 \\ 4 & 3 \end{bmatrix} \begin{bmatrix} x & y \\ z & t \end{bmatrix} \begin{bmatrix} 2 & 3 \\ 1 & 2 \end{bmatrix} = \begin{bmatrix} 3 & 2 \\ 0 & 1 \end{bmatrix}$$

Sugerencia: Despejad la matriz incógnita.

8. Demostrar que el conjunto de matrices $\{M(\propto), \propto \in R\}$ donde

$$M(\alpha) = \begin{bmatrix} e^{\alpha}\cos\alpha & -e^{\alpha}\sen\alpha \\ e^{\alpha}\sen\alpha & e^{\alpha}\cos\alpha \end{bmatrix}$$

Tiene estructura de grupo abeliano respecto a la multiplicación de matrices.

9. Calcular la dimensión del subespacio vectorial de R^5 generado por los vectores
$\vec{v} = (3,2,4,1,5)$; $\vec{w} = (2,-3,4,2,1)$; $\vec{t} = (0,13,-4,-4,7)$; $\vec{s} = (2,-16,8,6,-6)$ y $\vec{u} = (2,1,1,1-1)$

10. Demostrar que si la matriz A cumple que $A^2 + 2A = I$, entonces la matriz es regular.

11. En el espacio vectorial $((M(2,2), +), (R, +, \cdot), \cdot)$ se considera el subespacio vectorial generado por A y por I, donde se sabe que A satisface la ecuación
$$A^2 - 5A + 4I = 0$$
Encontrar una matriz A del tipo descrito y tal que la dimensión del subespacio vectorial considerado sea uno.
Encontrar otra matriz A del tipo descrito y tal que la dimensión del subespacio vectorial generado por A y por I sea dos.

PROBLEMAS TEMA 4. APLICACIONES LINEALES.

1. De las siguientes aplicaciones de R^3 en R^3 se probará cuáles son lineales y se determinará su matriz respecto a la base canónica.
   a) $f(x_1, x_2, x_3) = (x_2 + x_3, x_3 + x_1, x_1 + x_3)$
   b) $f(x_1, x_2, x_3) = (x_1+a, x_2+b, x_3+c)$ siendo a,b,c tres números reales fijos no simultáneamente nulos.

2. Sea $P_3(x)$ el conjunto de polinomios de grado menor o igual a tres y coeficientes reales. Hallar la matriz de la aplicación lineal f definida en $P_3(x)$ y con valores en $P_1(x)$ que a cada polinomio hace corresponder su derivada segunda.

3. Supongamos una representación cartesiana del espacio vectorial R^2 referida a un par de ejes rectangulares y consideremos el endomorfismo G_α que a cada vector $\vec{x} = (x_1, x_2)$ le hace corresponder el vector obtenido al girar el (x_1, x_2) α radianes con centro en el origen.
   a) Calcular la matriz de G_α.
   b) Comprobar matricialmente que la composición de dos giros de amplitudes α y β es un nuevo giro de amplitud $\alpha+\beta$.

4. Sea E un espacio vectorial real de dimensión finita y f un endomorfismo tal que $f^2 = -1$, siendo 1 la aplicación identidad. Demostrar que f es un automorfismo y que la dimensión de E debe ser par.

5. Sea f una aplicación lineal de R^3 en R^2 tal que:

$$f(\vec{e}_1 + \vec{e}_2 + \vec{e}_3) = 2\vec{e}_1 - \vec{e}_2$$

$$f(\vec{e}_1 + \vec{e}_3) = \vec{e}_1 + 2\vec{e}_2$$

$$f(\vec{e}_3) = 4\vec{e}_2$$

   a) Calcular la matriz de f respecto a las bases canónicas.
   b) Calcular la matriz de f cuando se toma como base de R^3 a la terna de vectores
   $$\vec{u} = 3\vec{e}_1 + \vec{e}_2, \quad \vec{v} = \vec{e}_2 + 2\vec{e}_3, \quad \vec{w} = \vec{e}_3 - 2\vec{e}_1$$
   y como base de R^2 la canónica.

6. Hallar la matriz en la base canónica de un endomorfismo f de R^3 que cumple las condiciones siguientes:
   a) El núcleo de f está generado por $\vec{e}_1 + \vec{e}_2 - \vec{e}_3$.
   b) La imagen de $\vec{e}_1 + \vec{e}_2$ es $3\vec{e}_2$.
   c) El vector $\vec{e}_1 - \vec{e}_2$ pertenece a $f^{-1}(2\vec{e}_1)$.
   Se pide: obtener una base de la imagen de f.

7. Se considera el endomorfismo f de R^3 definido por las ecuaciones:
$$y_1 = 3x_1+2x_2+x_3$$
$$y_2 = -x_1+4x_2-2x_3$$
$$y_3 = 2x_1+6x_2-x_3$$
Se pide: 1) Calcular su núcleo, 2) Hallar una base de un subespacio vectorial de R^3 suplementario del núcleo de f. 3) Comprobar que la imagen por f de la base calculada en 2) es una base de Imagen de f.

8. Considérese el espacio vectorial real E formado por las matrices cuadradas de orden 2 y coeficientes reales. Demostrar que:
$$\begin{bmatrix} 1 & 0 \\ 0 & 0 \end{bmatrix} \begin{bmatrix} 0 & 1 \\ 0 & 0 \end{bmatrix} \begin{bmatrix} 0 & 0 \\ 1 & 0 \end{bmatrix} \begin{bmatrix} 0 & 0 \\ 0 & 1 \end{bmatrix}$$

es una base de E. Hallar respecto de esta base la matriz del endomorfismo f: E $\to$ E definido por:
$$f\left(\begin{bmatrix} a & b \\ c & d \end{bmatrix}\right) = \begin{bmatrix} a+b+c+d & b+c+d \\ c+d & d \end{bmatrix}$$
¿Es f un automorfismo?

9. Considérese la ecuación $x^3-2x+4=0$ y sea ω una raíz de ella. Sea el conjunto:
$$E = \{y \in C : y = n + m\omega + p\omega^2, \forall n,m,p \in Q\}$$
donde C es el cuerpo de números complejos y Q el cuerpo de números racionales. Demostrar:
a) Que E es un subespacio vectorial del espacio vectorial C sobre Q.
b) Que la aplicación de E en E dada por f(y) = ωy es un endomorfismo de E.
c) Para ω = 1 + i se hallará una base de E, se calculará la matriz de f y se probará que f es un automorfismo.

10. Sea $P_3(x)$ el espacio vectorial real de los polinomios de coeficientes reales, grado menor o igual a tres y una indeterminada x.
a) Demostrar que V={1, 1+x, 1+x+x^2, 1+x+x^2+x^3} es una base de $P_3(x)$.
b) Hallar, respecto de V, la matriz del endomorfismo f definido en $P_3(x)$ que a cada polinomio hace corresponder su segunda derivada.
c) Calcular el núcleo de f, su dimensión, la imagen de f y su dimensión.
d) Resolver con y sin ayuda del cálculo matricial la ecuación f(Q(x)) = 6x + 8, donde Q(x) es un polinomio de $P_3(x)$.

PROBLEMAS TEMA 5. SISTEMAS DE ECUACIONES LINEALES.

1. Resolver por el método de Gauss y por la regla de Cramer el sistema:
   $x_1+x_2+x_3=6$
   $2x_1-x_2=0$
   $3x_2-2x_3=0$

2. Discutir según los valores del parámetro m, y resolver cuando sea posible el sistema de coeficientes reales siguiente:
   $mx+y+z=1$
   $x+my+z=1$
   $x+y+mz=1$

3. Discutir en función de a y b el sistema con coeficientes reales
   $2x_1-x_2-2x_3=b$
   $x_1+x_2+x_3=5$
   $4x_1-5x_2+ax_3=-10$

4. Resolver el sistema homogéneo
   $2x_1-x_2-2x_3=0$
   $x_1+x_2+x_3=0$
   $4x_1-5x_2+ax_3=0$
   discutiéndolo en función del parámetro a.

5. Si los vectores $\vec{x}_1, \vec{x}_2, \vec{x}_3, \vec{x}_4$ son linealmente independientes en el espacio vectorial real E, demostrar que los vectores
   $\vec{y}_1 = \vec{x}_2 + \vec{x}_3 + \vec{x}_4$
   $\vec{y}_2 = \vec{x}_1 + \vec{x}_3 + \vec{x}_4$
   $\vec{y}_3 = \vec{x}_1 + \vec{x}_2 + \vec{x}_4$
   $\vec{y}_4 = \vec{x}_1 + \vec{x}_2 + \vec{x}_3$
   son también linealmente independientes.

6. En el espacio vectorial R^3 se sabe que el vector $\vec{x} = 6\vec{e}_1 + 5\vec{e}_2 + 7\vec{e}_3$ tiene por componentes (2, 3, 4) respecto a la base $\{\vec{v}_1, \vec{v}_2, \vec{v}_3\}$. Sabiendo que $\vec{v}_1 = \vec{e}_1 + \vec{e}_2$ y $\vec{v}_2 = \vec{e}_2 + \vec{e}_3$, se pide calcular $\vec{v}_3$.

7. En el espacio vectorial R^5 se consideran los vectores (2, 3, 7, 5, 1), (6, 2, 3, 4, 2) y (6, -5, -15, -7, 1). Hallar el rango de la matriz de estos vectores y si uno de dichos vectores es combinación lineal de los otros dos, hallar los coeficientes de la combinación lineal.

8. Discutir según los valores de a y de b el sistema de coeficientes reales
   $ax_1+x_2+x_3=1$
   $x_1+ax_2+x_3=b$
   $x_1+x_2+ax_3=b^2$

¿Qué pasaría si resolvemos el problema suponiendo que trabajamos con el cuerpo complejo?

PROBLEMA EN GRUPOS.

Texto extraído de Wikipedia:
Cuenta la historia que Hierón, el antes citado monarca de Siracusa, hizo entrega a un platero de la ciudad de ciertas cantidades de oro y plata para el labrado de una corona. Finalizado el trabajo, Hierón, desconfiado de la honradez del artífice y aún reconociendo la calidad artística de la obra, solicitó a Arquímedes que, conservando la corona en su integridad, determinase la ley de los metales con el propósito de comprobar si el artífice la había rebajado, guardándose para sí parte de lo entregado impulsado por la avaricia.

Supongamos que la corona de Hierón pesara 1000 gramos. Lo que el rey quería que Arquímedes le dijera es cuánto pesaba el oro y cuánto la plata que formaban la corona. El rey le había dado al platero 600 gramos de oro y 400 de plata.

Para resolverlo necesitamos conocer los datos siguientes:
Densidad del oro: $19,3$ g/cm^3
Densidad de la plata: $10,5$ g/cm^3
Densidad de la corona: $13,5$ g/cm^3

Sugerencia: Resolvedlo planteando un sistema con dos ecuaciones y dos incógnitas: m_{oro} y m_{plata}.

Podemos ahora responder a las preguntas siguientes:
- ¿Había robado el platero a Hierón parte del oro?
- ¿Cuál debería ser la densidad de la corona con las cantidades dadas inicialmente?
- Resolved el problema para el caso general de la aleación de dos metales cualesquiera.

PROBLEMAS TEMA 6. EL ESPACIO VECTORIAL EUCLÍDEO.

1. Las componentes de un vector $\vec{p} \in R^2$ respecto de una base ortonormal V son (p_1, p_2), y respecto a una base W obtenida girando α radianes la V son (p'_1, p'_2). Expresar unas componentes en función de las otras.

2. Demostrar que en el espacio vectorial R^3 la expresión siguiente es un producto escalar.

$$\vec{x} \cdot \vec{y} = (x_1, x_2, x_3) \begin{bmatrix} 1 & 1 & 0 \\ 1 & 3 & 1 \\ 0 & 1 & 1 \end{bmatrix} \begin{pmatrix} y_1 \\ y_2 \\ y_3 \end{pmatrix}$$

3. Demostrar que en un espacio euclídeo E, la desigualdad triangular $\|\vec{x} + \vec{y}\| \le \|\vec{x}\| + \|\vec{y}\|$ se convierte en igualdad si y sólo si $\vec{x} = \lambda \vec{y}$, siendo $\lambda \ge 0$.

4. Sea V={(1,1,0), (1,0,1), (0,1,1)} una base del espacio vectorial euclídeo R^3 con el producto escalar canónico. Se pide hallar por el método de ortogonalización de Schmidt una base ortonormal de dicho espacio euclídeo.

5. Sea f un endomorfismo de R^3 tal que $f(\vec{e}_1) = \dfrac{\vec{e}_1}{\sqrt{2}} + \dfrac{\vec{e}_2}{\sqrt{2}}$ y $f(\vec{e}_2) = \dfrac{\vec{e}_1}{\sqrt{2}} - \dfrac{\vec{e}_2}{\sqrt{2}}$. Se pide:
   a) Hallar la matriz del endomorfismo.
   b) Comprobar que es un endomorfismo ortogonal;
   c) Hallar la relación que existe entre las coordenadas de un vector expresadas en la base canónica y las coordenadas del mismo vector expresadas en la base imagen de la canónica.

6. Sea E el espacio vectorial euclídeo R^3 y sea S el subespacio vectorial generado por el vector (1, 2, 3) en la base canónica. Se pide hallar una base ortonormal del subespacio vectorial $S^\perp$ ortogonal a S.

PROBLEMAS TEMA 7. EL PLANO EUCLÍDEO.

1. Hallar una recta que pase por el punto (1, 1) y forme un ángulo de $\pi/4$ con la recta $3x_1+4x_2=0$.

2. Se llama mediatriz de un segmento al lugar geométrico formado por los puntos que equidistan de los extremos del segmento. Probar que la mediatriz es la perpendicular al segmento trazada por su punto medio.

3. Un cuadrado tiene como dos de sus vértices los puntos (0, 0) y (3, 2), ambos en los extremos de una diagonal. Hallar los otros dos vértices del cuadrado.

4. Sea el triángulo de vértices (0, 0), (4, 0) y (2, 2). Hallar el punto de intersección de las tres rectas bisectrices.

5. Obtener en coordenadas polares la ecuación de una circunferencia de centro (k, ☐) y radio r.

6. Consideremos la órbita de la Tierra como una circunferencia centrada en el origen de radio 1, y la órbita de un cometa como una elipse con un foco en (0, 0) y otro foco en (2, 0) y un semieje a=1,5. Hallar los puntos de intersección entre ambas órbitas.

PROBLEMA EN GRUPOS.
Observar el puente esquematizado en la figura siguiente:

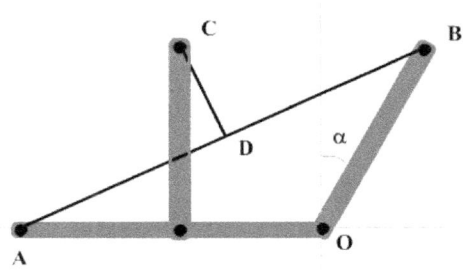

Las dimensiones de los segmentos son: AO=100 metros, OB= 70, la altura de C y la de B son iguales, y el ángulo α es de 30°.

Se pide:

a) Hallar la altura de C (y de B).
b) Hallar las ecuaciones de las rectas AB y CD teniendo en cuenta que son perpendiculares.
c) Hallar las coordenadas del punto D.
d) Hallar las longitudes de los tirantes AB y CD.

PROBLEMAS TEMA 8. EL ESPACIO EUCLÍDEO R³.

1. Obtener la proyección de la recta
$$r\begin{cases} 2x_1 + 3x_2 - 2x_3 = 2 \\ x_1 + x_2 + x_3 = 0 \end{cases}$$
   sobre el plano OX_1X_2. La proyección se realizará paralelamente a OX_3.

2. Qué relaciones deben existir entre los parámetros a, b, h, k, l, m y n para que las rectas
$$\begin{cases} x_1 - ax_3 - h = 0 \\ x_2 = 0 \end{cases} \quad \begin{cases} x_2 - bx_3 - k = 0 \\ x_1 = 0 \end{cases} \quad \begin{cases} lx_1 + mx_2 + n = 0 \\ x_3 = 0 \end{cases}$$
   Sean las proyecciones de una misma recta r, paralelamente a los tres ejes coordenados.

3. Determinar los ángulos que forma la recta r
$$\begin{cases} x_1 = 3x_3 + 4 \\ x_2 = 2x_3 - 3 \end{cases}$$
   con los planos coordenados.

4. Calcular la longitud de la perpendicular trazada desde el origen al plano $2x_1+3x_2+4x_3+7=0$, así como los ángulos que esta perpendicular forma con los ejes.

5. Hallar la ecuación del plano que pasa por los puntos (1, 1, 1), (3, -2, 2) y es perpendicular al plano $2x_1-x_2-x_3=0$.

6. Hallar la línea de máxima pendiente del plano $Ax_1+Bx_2+Cx_3+D=0$ respecto al plano OX_1X_2.

7. Calcular la distancia de la recta r al eje OX_1, siendo:
$$r \begin{cases} 2x_1 - 3x_2 = 4 \\ 2x_1 - 3x_2 - x_3 = 0 \end{cases}$$

8. En el espacio euclídeo E_3 con la base canónica y el producto escalar canónico se dan las rectas
$$r \begin{cases} 3x_1 - x_2 - x_3 = 0 \\ -x_1 + 3x_2 - x_3 = 0 \end{cases} \quad s \begin{cases} 3x_1 + ax_3 = b \\ 2x_1 - x_2 = 0 \end{cases}$$
   Determinar la recta o rectas que pasa por (1, 1, 1) es perpendicular a r y corta a s, discutiendo el problema según los valores de a y b.

9. En el espacio euclídeo R^3 provisto del sistema de referencia canónico (O, $\{\vec{e}_1, \vec{e}_2, \vec{e}_3\}$) se considera el plano π: $x_1-2x_2-3x_3-7 = 0$. Hallar la ecuación del plano π en el sistema de referencia (O, $\{\vec{v}_1, \vec{v}_2, \vec{v}_3\}$) siendo

$\vec{v}_1 = \vec{e}_1 - \vec{e}_2$, $\vec{v}_2 = \vec{e}_2 - \vec{e}_3$ y $\vec{v}_3 = \vec{e}_3 - \vec{e}_1$. Idear un sistema de referencia ortonormal en el que la ecuación del plano resulte lo más simple posible.

10. Obtener las ecuaciones de la recta s que se obtiene al proyectar ortogonalmente la recta r sobre un plano π que es paralelo a las rectas r y r', dista $2/\sqrt{35}$ del origen y corta al eje OX en un punto de abscisa positiva, siendo:

$$r: \quad \frac{x_1 + 1}{4} = x_2 + 1 = \frac{x_3 - 7}{-3} \qquad r': \begin{cases} x_1 + 2x_2 - 3 = 0 \\ x_2 - x_3 = 0 \end{cases}$$

EJERCICIO EN GRUPOS.

Buscar toda la información necesaria sobre la pirámide para poder calcular lo siguiente:
  a) Ecuación de las rectas correspondientes a las cuatro aristas, tomando como origen del sistema de referencia el centro del cuadrado de la base.
  b) Comprobar que efectivamente se cortan en la cúspide.
  c) Ecuación de los planos que contienen a las cuatro caras laterales de la pirámide.
  d) Ecuación de las rectas de los canales de ventilación de la pirámide así como su longitud. Sólo los superiores y de manera aproximada.

Dimensiones de la Gran Pirámide

[editar]

El egiptólogo británico Sir William Matthew Flinders Petrie hizo el estudio más detallado realizado hasta el momento acerca del monumento, siendo sus dimensiones las siguientes:

- Altura original = 146,61 m
- Altura actual = 136,86 m
- Pendiente: 51° 50' 35"

La longitud de los lados de la base, según Flinders Petrie (*Pirámides y Templos de Giza*) es:

- Lado N: 230,364 m (9069,4 pulgadas)
- Lado E: 230,319 m (9067,7 pulgadas)
- Lado S: 230,365 m (9069,5 pulgadas)
- Lado O: 230,342 m (9068,6 pulgadas)
    - Media: 230,347 m (9068,8 pulgadas)

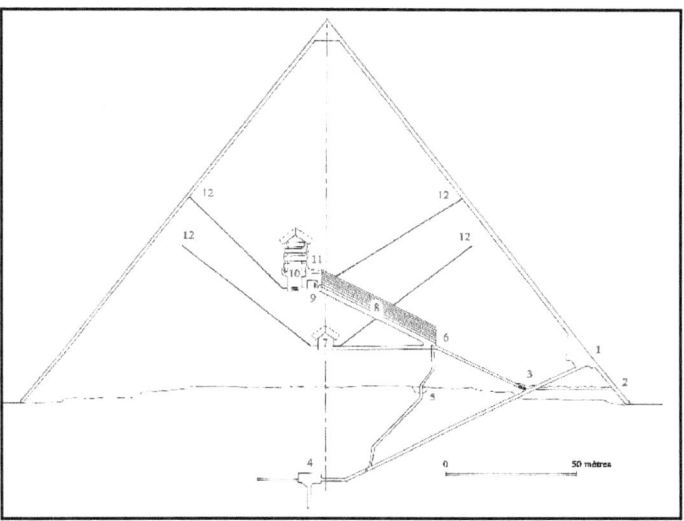

Fuente: Wikipedia.org, 2008.

PROBLEMAS TEMA 9. DIAGONALIZACIÓN DE UN ENDOMORFISMO.

1. Para qué valores del parámetro a es diagonalizable la matriz siguiente:

$$A = \begin{bmatrix} 1 & 0 & 0 \\ a & 1 & 0 \\ 1 & 1 & 2 \end{bmatrix}$$

2. Diagonalizar el endomorfismo f definido en R^3 por:

$$f(\vec{e_1}) = 2\vec{e_1} - \frac{1}{3}\vec{e_2} + \frac{2}{3}\vec{e_3}$$

$$f(\vec{e_2}) = \frac{5}{3}\vec{e_2} + \frac{2}{3}\vec{e_3}$$

$$f(\vec{e_3}) = \vec{e_1} + \frac{1}{3}\vec{e_2} + \frac{7}{3}\vec{e_3}$$

3. Diagonalizar la siguiente matriz simétrica con una transformación ortogonal.

$$\begin{bmatrix} 1 & 1 & 1 & 1 \\ 1 & 1 & -1 & -1 \\ 1 & -1 & 1 & -1 \\ 1 & -1 & -1 & 1 \end{bmatrix}$$

4. Sean λ_1 y λ_2 dos valores propios distintos del endomorfismo simétrico f definido en el espacio euclídeo E y $\vec{x_1}$ y $\vec{x_2}$ dos vectores propios correspondientes a λ_1 y λ_2. Probar que $\vec{x_1}$ y $\vec{x_2}$ son ortogonales.

5. Demostrar que si la matriz A es diagonalizable, entonces la matriz A^q también lo es.

6. Probar que una matriz diagonalizable es regular si y sólo si ninguno de sus vectores propios es nulo.

7. Demostrar que una matriz A y su inversa A^{-1} tienen los mismos vectores propios y que los valores propios de A son los inversos de los valores propios de A^{-1}.

8. Estudiar la diagonalizabilidad de las siguientes matrices:

$$\begin{bmatrix} 1 & 3 & 3 \\ 3 & 1 & 3 \\ 3 & 3 & 1 \end{bmatrix}, \begin{bmatrix} 3 & 2 & 0 \\ -1 & 0 & 0 \\ 0 & 0 & 1 \end{bmatrix}, \begin{bmatrix} 1 & -2 & 0 \\ -2 & 6 & 1 \\ 0 & 1 & 1 \end{bmatrix}$$

9. Reducir a suma de cuadrados la forma cuadrática cuya matriz es:

$$\begin{bmatrix} 5 & 1 & -1 \\ 2 & 4 & -2 \\ 1 & -1 & 3 \end{bmatrix}$$

PROBLEMAS TEMA 10. CÓNICAS.

1. Hallar la forma canónica de la ecuación de la parábola con vértice (2, 1) y foco (2, 4).

2. Hallar el foco de la parábola dada por $y = -\frac{1}{2}x^2 - x + \frac{1}{2}$.

3. Hallar el centro, los vértices y los focos de la elipse
$4x^2 + y^2 - 8x + 4y - 8 = 0$.

4. La Luna describe en torno a la Tierra una órbita elíptica con la Tierra en uno de los focos. Los ejes de la órbita tienen longitudes de 768.806 km y 767.746 km. Hallar las distancias máxima y mínima (apogeo y perigeo) del centro de la Tierra al centro de la Luna. Calcular su excentricidad.

5. Hallar la ecuación canónica de la hipérbola con focos en (-1, 2) y (5, 2) y con vértices en (0, 2) y (4, 2). Hallar también las ecuaciones de sus asíntotas.

6. Hallar la ecuación canónica de la hipérbola $4x^2 - 3y^2 + 8x + 16 = 0$. Dibujar la hipérbola y sus asíntotas. Calcular su excentricidad.

7. Aplica una rotación sobre la elipse $7x^2 - 6\sqrt{3}xy + 13y^2 - 16 = 0$ de manera que su ecuación pase a ser canónica. Halla la posición de los focos y vértices en las coordenadas iniciales.

8. Clasifica las siguientes cónicas y calcula su ecuación canónica aplicando una rotación:
    a) $4xy - 9 = 0$
    b) $2x^2 - 3xy + 2y^2 - 2x = 0$
    c) $x^2 - 6xy + 9y^2 - 2y + 1 = 0$

EJERCICIO EN GRUPOS.
Un cable de alta tensión cuelga de dos torres eléctricas separadas 75 m. La primera torre mide 30 m de altura y la segunda 20 m. Sabiendo que la curva que describe el cable es una parábola cuyo punto de altura mínima está a 50 m de la primera torre, calcular la ecuación de la parábola y la longitud del cable.

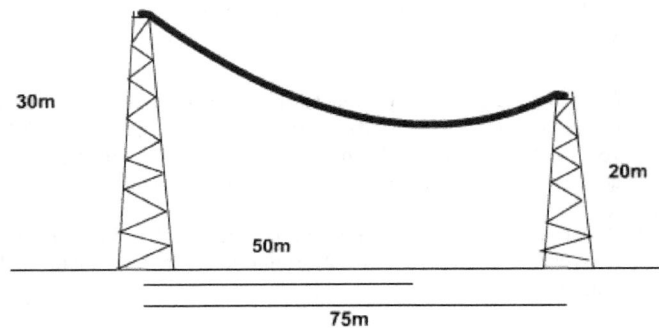

**BLOQUE 2
CÁLCULO**

TEMA 11: CONTINUIDAD DE FUNCIONES.

66. CONTINUIDAD.

Coloquialmente, una función es continua en c cuando su gráfica no se interrumpe ni se rompe ni tiene saltos o huecos en dicho punto c.

Continuidad en un punto.
Una función f se dice que es **continua en c** si se cumplen las condiciones:

1) f(c) está definido.
2) $\lim_{x \to c} f(x)$ existe
3) $\lim_{x \to c} f(x) = f(c)$

Continuidad en un intervalo abierto.
Una función se dice que es **continua en un intervalo** $]a,b[$ si lo es en todos los puntos de ese intervalo.

Discontinuidad en un punto.
Una función f se dice discontinua en un punto c si está definida en el intervalo abierto $]c - \varepsilon, c + \varepsilon[- \{c\}$ y f no es continua en c.

Discontinuidad evitable.
Una discontinuidad en x=c es evitable si f puede hacerse continua redefiniéndola en x=c. En caso contrario, la discontinuidad es **no** evitable.

Ejemplos:

a) $f(x) = \dfrac{1}{x}$ es discontinua en x=0

b) $f(x) = \dfrac{x^2 - 1}{x - 1}$ tiene una discontinuidad evitable en x=1

c) $f(x) = a_0 x^p + a_1 x^{p-1} + ... + a_p$ es continua en todo R.

Continuidad en un intervalo cerrado.
Una función es continua en $[a,b]$ si lo es en $]a,b[$ y, además cumple que:

$$\lim_{x \to a^+} f(x) = f(a) \quad y \quad \lim_{x \to b^-} f(x) = f(b)$$

67. PROPIEDADES DE LA CONTINUIDAD.

Propiedades de las funciones continuas.

Si b es un número real, y f,g son continuas en x=c, también son continuas las funciones:

1) $b \cdot f(x)$ Múltiplo escalar.
2) $f(x) \pm g(x)$ Suma y diferencia.
3) $f(x) \cdot g(x)$ Producto
4) $\frac{f(x)}{g(x)}$ Cociente, si $g(c) \neq 0$

Algunas funciones continuas en todo su dominio (ojo, no en todo R).

1) Funciones polinómicas: $p(x) = a_n x^n + \ldots + a_0$
2) Funciones racionales: $r(x) = \frac{p(x)}{q(x)}$, $q(x) \neq 0$
3) Raíces: $f(x) = \sqrt[n]{x}$ (en x>0 son continuas para todo n; en x<0 sólo son continuas si n es impar)
4) $f(x) = \sin x$, $g(x) = \cos x$, $h(x) = e^x$
5) $f(x) = \ln x$,   continua en $]0, +\infty[$

Ejemplos.
Comprobad las siguientes afirmaciones. Ayudaos con las gráficas de las funciones.

a) $f(x) = \sqrt{1 - x^2}$ es continua en $[-1, +1]$

b) $f(x) = \frac{1}{\sqrt{1 - x^2}}$ es continua en $]-1, +1[$

68. TEOREMA DEL VALOR INTERMEDIO.

Si f es continua en $[a,b]$ y k es cualquier número entre $f(a)$ y $f(b)$, existe al menos un número c en $[a,b]$ para el que $f(c) = k$

Es decir, para una función continua, si x recorre todos los valores desde a hasta b, entonces $f(x)$ debe tomar todos los valores intermedios entre $f(a)$ y $f(b)$.

Corolario: Búsqueda de ceros.

Si f es continua en $[a,b]$ y $f(a)$ y $f(b)$ difieren en signo, entonces la función f tiene al menos un cero en $[a,b]$. Es decir, $\exists c \ tal \ que \ f(c) = 0$.

Ejemplo.

Comprobad que $f(x) = x^3 + 2x - 1$ tiene un cero en $[0,1]$

Solución.

$f(x)$ es continua en $[0,1]$ por ser polinómica.

Y como $f(0) = -1 < 0$ y $f(1) = 2 > 0$, sabemos según el teorema que existe al menos un punto c, tal que $f(c) = 0$

Podemos ir estrechando el intervalo para estimar con más precisión la posición del cero.

$[0,1] \rightarrow [0,0.5] \rightarrow [0.2,0.5] \rightarrow [0.4,0.5] \rightarrow [0.45,0.50] \rightarrow [0.45,0.46]$

La solución exacta es c = 0.453397651

TEMA 12: DERIVADAS.

69. DERIVADA Y RECTA TANGENTE.

¿Qué queremos decir cuando hablamos de que una recta es tangente a una curva en un punto?

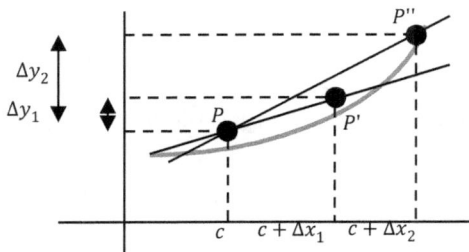

La recta que une P con P'' es una **secante** de la curva, de la misma manera que la que une P con P'.

A medida que acercamos el segundo punto hacia P vemos que la secante se aproxima a la tangente.

¿Cuál es la pendiente de la secante justo en el punto P?

$$m = \lim_{\Delta x \to 0} \frac{f(c + \Delta x) - f(c)}{\Delta x}$$

Definición: Recta tangente a la gráfica de f en el punto $(c, f(c))$ es la recta que pasa por dicho punto y con la pendiente m dada arriba.

La definición de derivada es la misma.

Derivada: La derivada de f en x viene dada por

$$f'(x) = \lim_{\Delta x \to 0} \frac{f(x + \Delta x) - f(x)}{\Delta x}$$

suponiendo que tal límite exista.

También lo podemos expresar como:

$$f'(c) = \lim_{x \to c} \frac{f(x) - f(c)}{x - c}$$

Ejemplo.
Hallar $f'(x)$ para $f(x) = \sqrt{x}$.

Solución.
$$f'(x) = \lim_{\Delta x \to 0} \frac{\sqrt{x + \Delta x} - \sqrt{x}}{\Delta x} = \lim_{\Delta x \to 0} \frac{(\sqrt{x + \Delta x} - \sqrt{x})(\sqrt{x + \Delta x} + \sqrt{x})}{\Delta x (\sqrt{x + \Delta x} + \sqrt{x})} =$$
$$= \lim_{\Delta x \to 0} \frac{x + \Delta x - x}{\Delta x(\sqrt{x + \Delta x} + \sqrt{x})} = \lim_{\Delta x \to 0} \frac{1}{\sqrt{x + \Delta x} + \sqrt{x}} = \frac{1}{2\sqrt{x}}$$

Teorema:
Si f es derivable en x=c entonces f es continua en x=c.
El recíproco no es cierto.

Demostración:
$f(x)$ será continua en c si $\lim_{x \to c} f(x) = f(c)$, por tanto, calculamos
$$\lim_{x \to c} (f(x) - f(c)) = \lim_{x \to c}\left[(x - c)\left(\frac{f(x) - f(c)}{x - c}\right)\right] = \lim_{x \to c}(x - c)\left(\lim_{x \to c}\frac{f(x) - f(c)}{x - c}\right) =$$
$$= 0 \cdot f'(c) = 0$$

Por tanto, la existencia de $f'(c)$ implica que f es continua en c.

70. REGLA DE LA CADENA.

Si $y = f(u)$ es función derivable de u y $u = g(x)$ es función derivable de x, entonces $y = f(g(x))$ es función derivable de x, con:

$$\frac{dy}{dx} = \frac{dy}{du}\frac{du}{dx}$$

o de manera equivalente,

$$\frac{d}{dx}[f(g(x))] = f'(g(x)) \cdot g'(x)$$

Demostración:
Como g es derivable, implica que g es continua en $x = c$, luego $g(x)$ tiende a $g(c)$ cuando x tiende a c.

Por tanto, hemos de probar que $F'(c) = f'(g(c)) \cdot g'(c)$

Veamos, cómo.

$$F'(c) = \lim_{x \to c} \frac{f(g(x)) - f(g(c))}{x - c} =$$

$$= \lim_{x \to c} \left[\frac{f(g(x)) - f(g(c))}{g(x) - g(c)} \cdot \frac{g(x) - g(c)}{x - c} \right], \quad g(x) \neq g(c)$$

$$= \left[\lim_{x \to c} \frac{f(g(x)) - f(g(c))}{g(x) - g(c)} \right] \left[\lim_{x \to c} \frac{g(x) - g(c)}{x - c} \right] = f'(g(c)) \cdot g'(c)$$

71. TEOREMA DE ROLLE. (Michel Rolle, s.XVII)

Sea f continua en $[a,b]$ y derivable en $]a,b[$.

Si $f(a) = f(b)$, entonces existe al menos un número c en $]a,b[$ tal que $f'(c) = 0$.

72. TEOREMA DEL VALOR MEDIO. (Lagrange, s.XVIII)

Si f es continua en $[a,b]$ y derivable en $]a,b[$, existe algún c en $]a,b[$ tal que:

$$f'(c) = \frac{f(b) - f(a)}{b - a}$$

Ejemplos:

a) Sea $f(x) = x^4 - 2x^2$. Hallar los números en $]-2, 2[$ tales que $f'(c) = 0$.

Como f(-2)=8, f(2)=8 y f(x) es derivable, el teorema de Rolle garantiza que existe al menos un c en]-2, 2[tal que $f'(c) = 0$.

Solución.

Obtenemos: $f'(x) = 4x^3 - 4x = 4x(x^2 - 1) = 0$. Si resolvemos obtenemos tres valores para c: $c_1 = 0$, $c_2 = -1$, $c_3 = 1$.

Hay tres c's en el intervalo $]-2, 2[$

b) Sea $f(x) = 5 - \frac{4}{x}$. Hallar los valores de c en $]1, 4[$ tales que:

$$f'(c) = \frac{f(4)-f(1)}{4-1} = \frac{4-1}{4-1} = 1$$

Solución.

$f'(x) = \dfrac{4}{x^2};\quad f'(c) = \dfrac{4}{c^2} = 1;\quad c^2 = 4;\quad c = \pm 2 \implies c = 2$

TEMA 13: ESTUDIO ANALÍTICO DE UNA FUNCIÓN.

73. EXTREMOS RELATIVOS.

Definición:
Si existe un intervalo **abierto** en el que $f(c)$ es el valor máximo (mínimo), se dice que $f(c)$ es un **máximo (mínimo) relativo** de f.

A los máximos o mínimos relativos se les llama **extremos relativos**.

Definición:
c es un número crítico de f si: $f'(c) = 0$ ó $f'(c)$ no está definida.

Ejemplos:

1) $f(x) = \dfrac{9(x^2 - 3)}{x^3}$ Su derivada es $f'(x) = \dfrac{9(9 - x^2)}{x^4}$ en el punto (3, 2) la derivada es $f'(3) = 0$. La función tiene un número crítico. Es un máximo relativo en este caso.

2) $f(x) = |x| = \begin{cases} -x, & x < 0 \\ x, & x > 0 \end{cases}$. Su derivada es: $f'(x) = \begin{cases} -1, & x < 0 \\ 1, & x > 0 \end{cases}$.

En este caso tenemos un número crítico en $x = 0$ porque la derivada no está definida. Es un mínimo relativo.

74. FUNCIONES CRECIENTES Y DECRECIENTES.

Definición:
Una función f es creciente (decreciente) en un intervalo I si:
$\forall x_1, x_2 \in I, \; x_1 < x_2 \;\Rightarrow\; f(x_1) < f(x_2) \quad (f(x_1) > f(x_2))$

Teorema:

Si $f'(c) > 0 \;\Rightarrow\; f$ es creciente en c
Si $f'(c) < 0 \;\Rightarrow\; f$ es decreciente en c

Teorema: Criterio de la primera derivada.

Sea c un número crítico de f y sea f continua en un intervalo abierto I tal que $c \in I$.

Si f es derivable en I excepto quizás en c, el punto $(c, f(c))$ se clasifica como sigue:
    a) Si f' pasa de negativa a positiva en c $\Rightarrow$ $(c, f(c))$ es un **mínimo relativo**.
    b) Si f' pasa de positiva a negativa en c $\Rightarrow$ $(c, f(c))$ es un **máximo relativo**.

Ejemplo: Hallar los máximos, mínimos y los intervalos en que f es creciente o decreciente para

$$f(x) = \frac{x^4 + 1}{x^2}$$

1) $f(x)$ es discontinua en $x = 0$.

2) $f'(x) = \dfrac{2(x^2 + 1)(x - 1)(x + 1)}{x^3}$ $\Rightarrow$ números críticos:

$x = -1,\ f'(c) = 0$
$x = 1,\ f'(c) = 0$
$x = 0,\ f'(c) \notin R$

Construimos la siguiente tabla:

Intervalo	$-\infty < x < -1$	$-1 < x < 0$	$0 < x < 1$	$1 < x < \infty$
Signo de $f'(x)$	−	+	−	+
Conclusión	Decrece	Crece	Decrece	Crece

              ↑   ↑   ↑
        Mínimo Discontinuidad Mínimo

Por tanto, los puntos de la gráfica $(-1, 2)$ y $(1, 2)$ son **mínimos relativos**.

Importante: Para delimitar los intervalos hay que incluir números críticos + discontinuidades.

75. CONCAVIDAD. PUNTOS DE INFLEXIÓN.

Criterio de concavidad.

Sea f tal que f'' existe en un intervalo abierto I.
1) Si $f''(x) > 0 \quad \forall x \in I$, entonces f es cóncava hacia arriba.
2) Si $f''(x) < 0 \quad \forall x \in I$, entonces f es cóncava hacia abajo (convexa).

Como aclaración,

$f''(x) > 0 \Rightarrow f'(x)$ es creciente. Luego la pendiente de la curva crece continuamente.

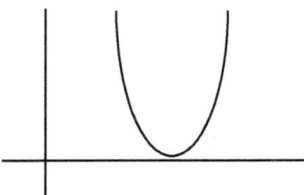

$f''(x) < 0 \Rightarrow f'(x)$ es decreciente. Luego la pendiente de la curva decrece continuamente.

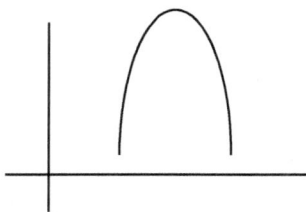

Punto de inflexión.
Sea f una función tal que $f'(c)$ existe. El punto $(c, f(c))$ es de **inflexión** si en él la concavidad cambia de sentido. Es decir, si f'' cambia de signo.

Por tanto, si $(c, f(c))$ es un punto de inflexión de f entonces o $f''(c) = 0$ ó $f''(c)$ **no está definido** (pero la función sí).

Teorema: Criterio de la segunda derivada.
Sea f una función tal que $f'(c) = 0$ y f'' existe en un intervalo abierto que contiene a c.
Se cumplirá que:

1) Si $f''(c) > 0 \quad \Rightarrow \quad (c, f(c))$ es un mínimo relativo.

2) Si $f''(c) < 0$ $\Rightarrow$ $(c, f(c))$ es un máximo relativo.
3) Si $f''(c) = 0$ $\Rightarrow$ El criterio no decide.

76. ANÁLISIS DE CURVAS (Descartes, sXVII)

Hoy en día la representación gráfica se utiliza ampliamente en todo tipo de sectores sociales: gobierno, ciencia, publicidad, comercio, etc.

Sin embargo, trazar la gráfica de una función de la manera más adecuada requiere algunos conocimientos de cálculo.

Por ejemplo, para $f(x) = x^3 - 25x^2 + 74x - 20$ podemos elegir las dos representaciones siguientes.

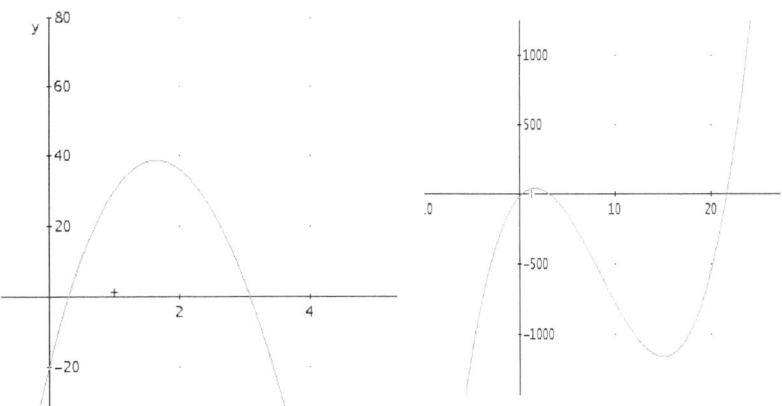

Evidentemente, la segunda representa mejor el comportamiento de la función.

El análisis completo de una curva incluye los siguientes puntos:
1. Dominio y recorrido.
2. Intersecciones con los ejes.
3. Puntos de discontinuidad.
4. Asíntotas verticales y horizontales.
5. Puntos en que no existe derivada.
6. Extremos relativos.
7. Concavidad.
8. Puntos de inflexión.

Para entender mejor todo esto lo mejor es mostrar unos casos prácticos.

Ejemplo: Gráfica de una función racional.

Sea $f(x) = \dfrac{2(x^2 - 9)}{x^2 - 4}$

1. Dominio y recorrido.

El dominio será $D = R - \{-2, 2\}$

El recorrido se verá más adelante.

2. Intersecciones con los ejes.

Corte con el eje X: $y = f(x) = 0 = \dfrac{2(x^2 - 9)}{x^2 - 4}$; $x^2 - 9 = 0$; $x = \pm 3$

Cortará en $(-3, 0)$ y $(3, 0)$.

Corte con el eje Y: $x = 0$, $f(0) = \dfrac{2(-9)}{-4} = \dfrac{9}{2}$

Cortará en $(0, \dfrac{9}{2})$.

3. Puntos de discontinuidad.

El denominador se anula en $x = -2$, $x = 2$.

4. Asíntotas verticales y horizontales.

Verticales: Son rectas del tipo $x = c = cte$ donde c es tal que $\lim\limits_{x \to c^{\pm}} f(x) = \pm \infty$

En nuestro caso:

$\lim\limits_{x \to -2^+} f(x) = +\infty$, $\quad \lim\limits_{x \to -2^-} f(x) = -\infty$.

$\lim\limits_{x \to 2^+} f(x) = -\infty$, $\quad \lim\limits_{x \to 2^-} f(x) = +\infty$.

Horizontales: Si $\lim\limits_{x \to -\infty} f(x) = L$ ó $\lim\limits_{x \to +\infty} f(x) = L$, la recta $y = L$ se llama asíntota horizontal.

En nuestro caso,

$$\lim_{x \to -\infty} \frac{2(x^2-9)}{x^2-4} = \lim_{x \to +\infty} \frac{2(x^2-9)}{x^2-4} = 2$$

Por tanto, $y = 2$ es una asíntota horizontal.

5.   Puntos en que no existe derivada.

$$f(x) = \frac{2(x^2-9)}{x^2-4}, \quad f'(x) = 2\frac{2x(x^2-4)-(x^2-9)2x}{(x^2-4)^2} = 2\frac{10x}{(x^2-4)^2} = \frac{20x}{(x^2-4)^2}$$

No existe derivada en $x = -2$, $x = 2$.

6.   Extremos relativos.

Igualamos a cero $f'(x) \Rightarrow x = 0$ es un extremo relativo.

$$f''(x) = \frac{20(x^2-4)^2 - 20x \cdot 2(x^2-4)2x}{(x^2-4)^4} = \frac{20(x^2-4) - 80x^2}{(x^2-4)^3} = \frac{-60x^2 - 80}{(x^2-4)^3}$$

$$f''(0) = \frac{5}{4} > 0 \implies \left(0, \frac{9}{2}\right) \text{ es mínimo relativo}$$

7.   Concavidad

Estudiamos el signo de $f''(x)$.

Dividimos la recta real en intervalos delimitados por extremos relativos y discontinuidades.

En este caso:

	$-\infty$	-2		0		$+2$	$+\infty$
$f''(x)$		$-$		$+$		$+$	$-$

8.   Puntos de inflexión

No tiene puntos de inflexión porque $f''(x)$ nunca vale cero.
Sí ocurre que no esté definida en algunos puntos, pero en esos puntos $f(x)$ tampoco lo está.

Finalmente, podemos esbozar la gráfica:

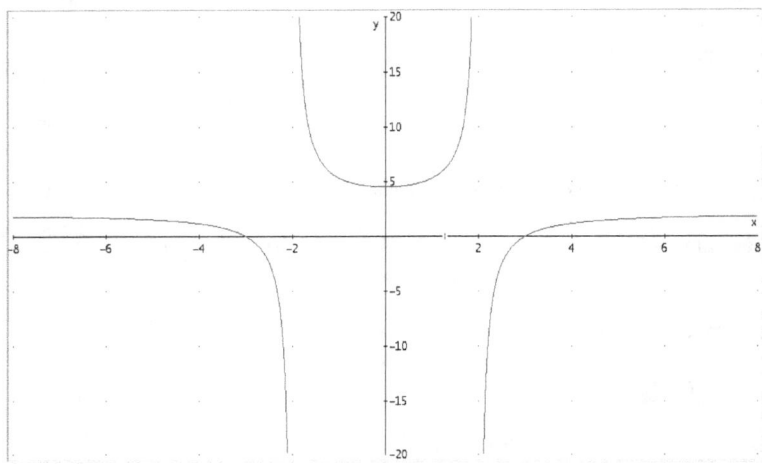

Vemos, por cierto, que el recorrido es:
$]-\infty, 2[\ \cup \ [\frac{9}{2}, +\infty[$

TEMA 14: INTEGRALES.

En muchas aplicaciones importantes del cálculo se plantea el siguiente problema: dada la derivada de una función, hallar la función original.

Esto ocurre en el caso de ecuaciones diferenciales con aplicaciones en infinidad de campos: física, medicina, química, informática, economía, etc.

También son muy útiles a la hora de hallar áreas y volúmenes.

77. PRIMITIVAS.

Definición: Una función F es la primitiva de la función f, si $\forall x \in D_f$,

$$F'(x) = f(x)$$

Teorema: Sea F primitiva de f en un intervalo I, entonces G es también primitiva sí y sólo sí $G(x) = F(x) + C, \quad \forall x \in I$

Notación: Integral indefinida.

Escribiremos:

$$\int f(x)dx = F(x) + C$$

C es constante arbitraria y $F(x)$ es una primitiva de $f(x)$.

Representaremos así la **integral indefinida de f respecto a x**. Variando C obtenemos todas las primitivas posibles de f.

78. PRIMITIVAS INMEDIATAS.

Se utilizará DERIVE.

79. MÉTODOS DE INTEGRACIÓN.

a. Cambio de variable.

Método general:
1) Identificar la función interna $u(x)$ y hallar du.
2) Escribir $x = x(u)$ y $dx = dx(u)du$. A veces basta con conocer u y du.
3) Sustituir en la integral y resolver.
4) Deshacer el cambio y volver a expresar la función en términos de x.

Ejemplo:
Resolver la integral $\int x\sqrt{2x-1}\,dx$ mediante el cambio de variable $u = 2x - 1$

Solución:
Tendremos que
$$x = \frac{u+1}{2}$$
$$dx = \frac{du}{2}$$
Por tanto,
$$\int x\sqrt{2x-1}\,dx = \frac{1}{4}\int \left(u^{\frac{3}{2}} + u^{\frac{1}{2}}\right)du = \frac{1}{4}(\frac{2}{5}u^{\frac{5}{2}} + \frac{2}{3}u^{\frac{3}{2}}) + C =$$

$$= \frac{1}{10}(2x-1)^{\frac{5}{2}} + \frac{1}{6}(2x-1)^{\frac{3}{2}} + C$$

Nota: Las integrales de la forma $\int f(g(x))\cdot g'(x)dx$ se resuelven por medio de
$$u = g(x) \quad du = g'(x)dx \quad \Rightarrow \quad \int f(u)du = F(u)$$

b. Integración por partes.

Especialmente útil en productos de funciones algebraicas o trascendentes.
Por ejemplo:
$x\cdot \ln x$, $x^2 e^x$, $e^x \sin x$, etc.

Esta técnica se basa en la fórmula de la derivada del producto:

$$\frac{d}{dx}(u\cdot v) = u\cdot\frac{dv}{dx} + \frac{du}{dx}\cdot v$$

Integrando:

$$u \cdot v = \int u\, dv + \int v\, du$$

Despejando:

$$\int u\, dv = u \cdot v - \int v\, du$$

Consejos:
1. Intentar tomar como dv la parte más complicada posible que sea integrable inmediatamente. u será el resto de los factores del integrando.
2. Intentar tomar como u la parte cuya derivada sea más simple que la propia u. dv será el resto de los factores.

Ejemplos:

$$\int x\, e^x\, dx = \begin{cases} u = x, & du = dx \\ dv = e^x dx, & v = e^x \end{cases} = x\, e^x - \int e^x\, dx = x\, e^x - e^x + C$$

$$\int x^2 \ln x\, dx = \begin{cases} u = \ln x, & du = \dfrac{dx}{x} \\ dv = x^2 dx, & v = \dfrac{x^3}{3} \end{cases} = \dfrac{x^3}{3}\ln x - \int \dfrac{dx}{x}\dfrac{x^3}{3} = \dfrac{x^3}{3}\ln x - \dfrac{x^3}{9} + C$$

c. **Integración de funciones racionales.**

Integrales del tipo: $\dfrac{N(x)}{D(x)}$ donde $N(x)$ y $D(x)$ son polinomios.

Nota: En nuestro caso, el grado de $N(x)$ y $D(x)$ nunca superará el 2.

Ejemplo:

$$\int \dfrac{2x + 1}{x^2 - 5x + 6}\, dx$$

Solución:

Si el grado del numerador fuera mayor que el del denominador se divide y ya está.

1) Descomponemos el denominador: $x^2 - 5x + 6 = (x-3)(x-2)$
2) Descomponemos el integrando en fracciones simples:

$$\frac{2x+1}{x^2-5x+6} = \frac{A}{x+3} + \frac{B}{x-2}$$

3) Hallamos A y B:

$2x + 1 = A(x-2) + B(x-3)$

Si tomamos $x = 2 \rightarrow 5 = -B, \quad B = -5$

Si tomamos $x = 3 \rightarrow A = 7$

4) Sustituimos en integramos:

$$\int \frac{2x+1}{x^2-5x+6}dx = \int \frac{7}{x-3}dx - \int \frac{5}{x-2}dx = 7\ln|x-3| - 5\ln|x-2| + C$$

TEMA 15: INTEGRALES DEFINIDAS.

80. ÁREA DE UNA REGIÓN PLANA.

Supongamos que queremos hallar el área que queda bajo la curva $f(x)$ en el intervalo $[a,b]$

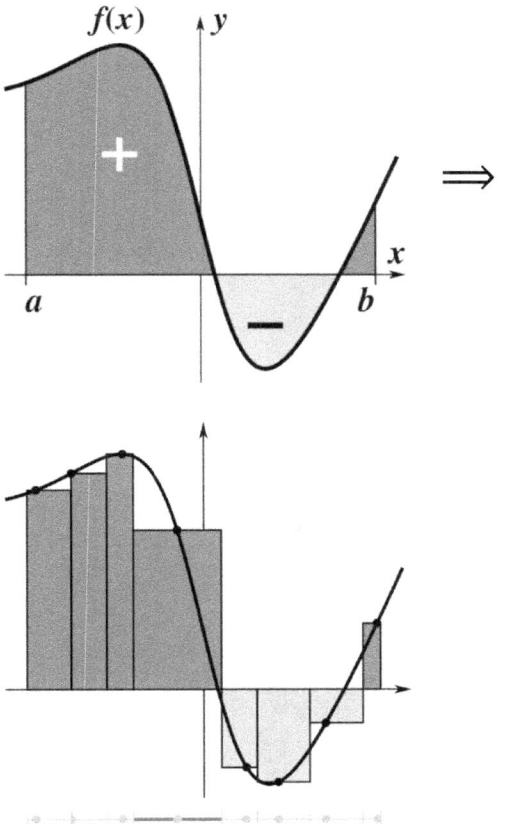

Dividimos el intervalo en n subintervalos de longitud $\dfrac{b-a}{n} = \Delta x$.

Los extremos de los intervalos son:

$$a + 0\Delta x < a + 1\Delta x < ... < a + i\Delta x < ... < a + n\Delta x = b$$

Si f es continua, implica que, f tendrá un valor mínimo y un valor máximo en cada subintervalo. Serán, respectivamente:

$$m_i, M_i \in [a + (i-1)\Delta x, a + i\Delta x]$$

El área real estará entre el área de los rectángulos inscritos y el área de los circunscritos.

Suma inferior:
$$s(n) = \sum_{i=1}^{n} f(m_i)\Delta x$$

Suma superior:
$$S(n) = \sum_{i=1}^{n} f(M_i)\Delta x$$

Por tanto:

$$s(n) \leq \text{Área de la región} \leq S(n)$$

Teorema: Sea f continua y $f(x) \geq 0$ para $x \in [a,b]$. Los límites de $s(n)$ y $S(n)$ cuando $n \to \infty$ son iguales e iguales al área de la región comprendida entre $f(x)$ y las rectas $x = a$, $x = b$ e $y = 0$.

81. DEFINICIÓN DE INTEGRAL DE RIEMANN.

Sumas de Riemann.

Sea f definida en el intervalo $[a,b]$ y sea Δ una partición arbitraria de $[a,b]$:

$$a = x_0 < x_1 < ... < x_{n-1} < x_n = b$$

Donde Δx_i es la anchura del i-ésimo subintervalo. Si c_i es cualquier punto del i-ésimo intervalo, la suma:

$$\sum_{i=1}^{n} f(c_i)\Delta x_i; \quad x_{i-1} \leq c_i \leq x_i$$

Se llama suma de Riemann de f asociada a la partición Δ.

Definición de integral de Riemann o integral definida.

Si el límite de la suma de Riemann en $[a,b]$ de f existe, entonces decimos que f es integrable en $[a,b]$ y lo denotamos como:

$$\lim_{n \to \infty} \sum_{i=1}^{n} f(c_i)\, \Delta x_i = \int_{a}^{b} f(x)\,dx$$

Llamamos **integral definida de f entre a y b** al valor de este límite.

$a =$ Límite inferior de integración.
$b =$ Límite superior de integración.

Consecuencia:
Si f es continua y no negativa en $[a,b]$ entonces el área de la región limitada por f, el eje x, y las líneas verticales $x = a$ y $x = b$ viene dada por:

$$\text{Área} = \int_{a}^{b} f(x)\,dx$$

82. TEOREMAS FUNDAMENTALES DEL CÁLCULO.

Primer teorema fundamental del cálculo. Newton & Leibniz.

Si una función f es continua en $[a,b]$, entonces:

$$\int_{a}^{b} f(x)\,dx = F(b) - F(a)$$

Donde F es cualquier función tal que $F'(x) = f(x) \quad \forall x \in [a,b]$

Segundo teorema fundamental del cálculo.

Sea f continua en un intervalo I tal que $a \in I$. Entonces, $\forall x \in I$ se cumple que:

$$\frac{d}{dx}\left[\int_{a}^{x} f(t)\,dt\right] = f(x)$$

Ejemplos:
Hallar el área de la figura:

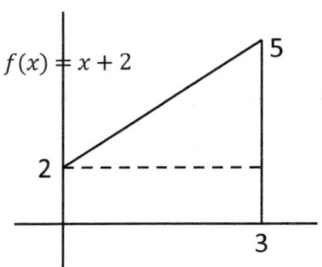

$$\text{Área} = \int_0^3 (x+2)dx = \left[\frac{x^2}{2} + 2x\right]_0^3 = \frac{21}{2}$$

Geométricamente:

Área = Área del rectángulo + Área del triángulo
$3 \cdot 2 + \frac{1}{2} \cdot 3 \cdot (5-2) = 6 + \frac{9}{2} = \frac{21}{2}$

Definición del valor medio de una función.

Si f es integrable en $[a,b]$ entonces el valor medio de f en este intervalo se define como:

$$\frac{1}{b-a}\int_a^b f(x)dx$$

Ejemplo:
La velocidad de un coche es igual a $v(t) = 200\frac{t}{t+10}$ en km/h.
¿Cuál es la velocidad media en los primeros 10 segundos?

Solución:

$$\bar{v} = \frac{1}{10}\int_0^{10} 200\frac{t}{t+10}\, dt = \frac{200}{10}\int_0^{10} \frac{t+10-10}{t+10}\, dt = \frac{200}{10}[t - 10\ln|t+10|]_0^{10} =$$

$$= 20\,[10 - 10\ln 2] = 200(1 - \ln 2) = 61.37 \text{ km/h}$$

83. APLICACIONES DE LA INTEGRACIÓN.

a. ÁREA DE LA REGIÓN ENTRE DOS CURVAS.

Teorema: Si f y g son continuas en $[a,b]$ y $g(x) \leq f(x)$, $\forall x \in [a,b]$, entonces el área de la región limitada por las gráficas de f y g y las líneas verticales x=a y x=b es:

$$A = \int_a^b [f(x) - g(x)]\, dx$$

Ejemplo: Hallar el área limitada por $y = x^2 + 2$, $y = -x$, $x = 0$ y $x = 1$.

Solución:

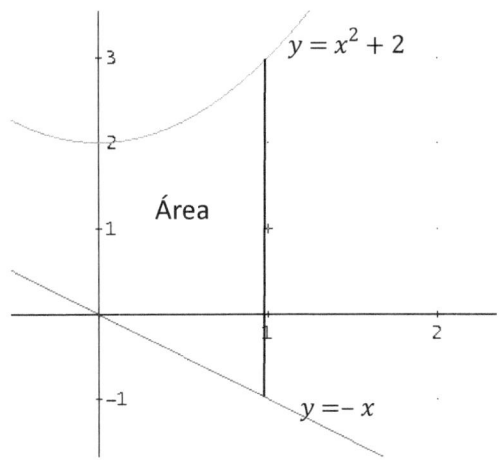

$$A = \int_0^1 [(x^2 + 2) - (-x)]dx =$$

$$= \left[\frac{x^3}{3} + 2x + \frac{x^2}{2}\right]_0^1 = \frac{17}{6}$$

Ejemplo: Área de una región situada entre dos curvas que se cortan.

Hallar el área limitada por las curvas $f(x) = 2 - x^2$ y $g(x) = x$.

1) Hallamos los puntos de corte.

$$f(x) = g(x); \quad 2 - x^2 = x, \quad \Rightarrow x = \begin{cases} -2 \\ 1 \end{cases}.$$

Gráficas:

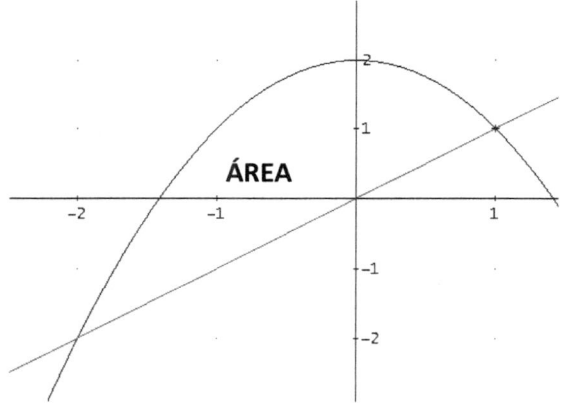

$$A = \int_{-2}^{1} [(2 - x^2) - x]dx =$$

$$= \left[2x - \frac{x^3}{3} - \frac{x^2}{2}\right]_{-2}^{1} = \frac{9}{2}$$

b. VOLUMEN: MÉTODO DE DISCOS.

Aplicable a los sólidos de revolución: mucha utilización en Ingeniería.

¿Qué es un sólido de revolución? Es el sólido que se genera cuando una superficie gira alrededor de un eje.

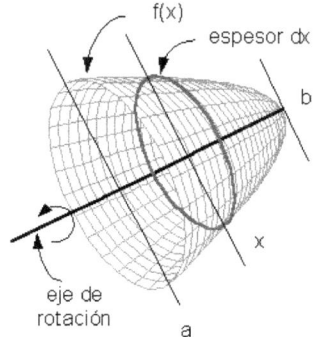

Calculamos su volumen sumando el volumen de infinitos discos:

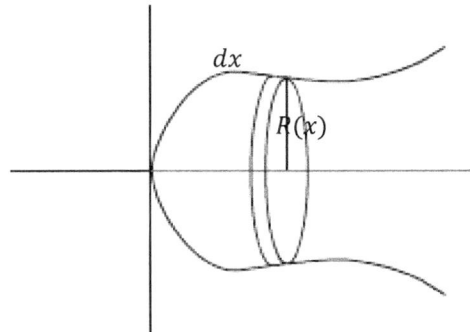

El volumen de cada disco nos lo da la expresión:

$dV = \pi[R(x)]^2 dx$

El volumen total del sólido será:

$$V = \pi \int_a^b [R(x)]^2 dx$$

a y b son los límites del sólido. $R(x) = f(x)$ es la función que "gira".

Ejemplo:

Hallar el volumen del sólido generado por $f(x) = 1 - x^2$, al girar alrededor del eje x.

Solución:
Hallamos los puntos de corte:
$$1 - x^2 = 0 \rightarrow x = -1 \text{ y } x = +1$$

El volumen será:

$$V = \pi \int_{-1}^{1} (1 - x^2)^2 \, dx = \pi \int_{-1}^{1} (1 - 2x^2 + x^4) dx = \pi \left[x - \frac{2x^3}{3} + \frac{x^5}{5} \right]_{-1}^{1} = \frac{16\pi}{15}$$

Ejemplo: Sólido de revolución con un agujero.

Hallar el volumen del sólido formado al girar la región limitada por las gráficas de $y = \sqrt{x}$ e $y = x^2$ alrededor del eje x.

Solución:

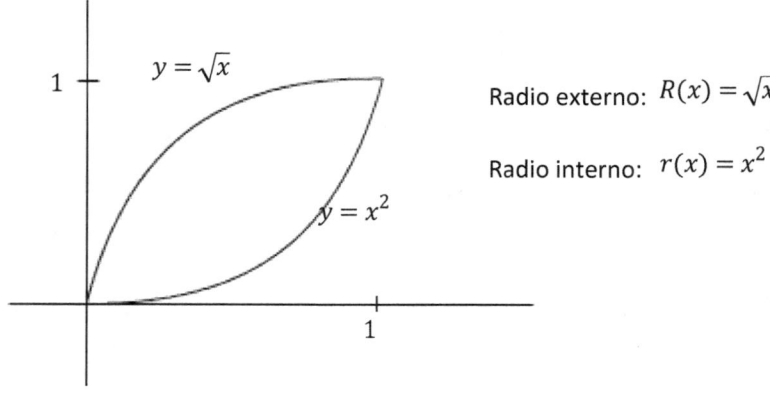

Radio externo: $R(x) = \sqrt{x}$

Radio interno: $r(x) = x^2$

$$V = \pi \int_0^1 (R(x)^2 - r(x)^2)dx = \pi \int_0^1 (x - x^4)dx = \pi\left(\frac{x^2}{2} - \frac{x^5}{5}\right)\Big|_0^1 = \frac{3\pi}{10}$$

Ejemplo:

Calcular el volumen de un sólido cuya base es el área limitada por las rectas $f(x) = 1 - \frac{x}{2}$, $g(x) = -1 + \frac{x}{2}$ y $x = 0$, y cuya sección perpendicular al eje x es un triángulo equilátero.

Solución:

La base es la mostrada en la figura.

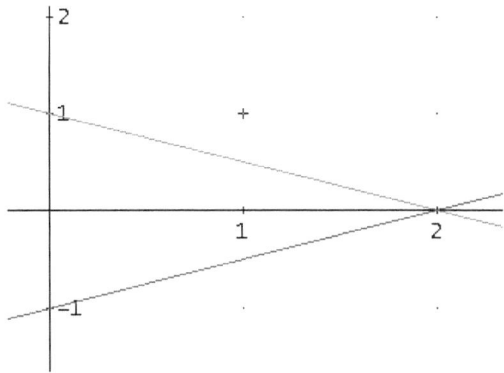

El punto de corte es: $f(x) = g(x) \rightarrow x = 2$

El área en función de x, $A(x)$, será la de un triángulo de base $f(x) - g(x) = 2 - x$.

La altura será   Altura $= (2-x)\sin 60° = \frac{\sqrt{3}}{4}(2-x)$

El área (perpendicular al eje x) será: $Área = A(x) = base \cdot \frac{altura}{2} = \frac{\sqrt{3}}{4}(2-x)^2$

Por tanto, el volumen del sólido es:

$$V = \int_0^2 \frac{\sqrt{3}}{4}(2-x)^2 \, dx = \left[-\frac{\sqrt{3}}{4} \cdot \frac{(2-x)^3}{3} \right]_0^2 = \frac{2\sqrt{3}}{3}$$

TEMA 16: FUNCIONES DE VARIAS VARIABLES.

84. INTRODUCCIÓN.

Función de dos variables: Definición.

Sea D el conjunto de pares (x,y), se dice que **f es función de x e y** si a cada par $(x,y) \in D$ le corresponde un número real $f(x,y)$.

Se llama **Dominio** al conjunto D.

Se llama **Recorrido** al conjunto de valores $f(x,y)$.

Ejemplo.
Hallar el dominio de $f(x,y) = \dfrac{\sqrt{x^2+y^2-9}}{x}$.

Solución.
El dominio es $D = \{(x,y) \in R^2, x^2+y^2 \geq 9 \bigwedge x \neq 0\}$

Es decir, el dominio son los puntos fuera del círculo $x^2+y^2=9$

Ejemplo.
Usar DERIVE para representar la gráfica de $f(x,y) = \sqrt{16-4x^2-y^2}$.
¿Cuál es el recorrido de f?

Solución:
El dominio son los puntos del interior de la elipse $\dfrac{x^2}{4} + \dfrac{y^2}{16} = 1$.

El recorrido de f es $0 \leq f(x,y) \leq 4$

Curvas de nivel.
Dado un cierto z_0, se define su curva de nivel para la función f como el conjunto de (x,y) tales que $f(x,y) = z_0$. Siendo $z_0 \in Recorrido(f)$.

Superficie de nivel.
Es el mismo concepto pero para funciones de 3 variables.
La ecuación de una superficie de nivel es:
$f(x,y,z) = c = cte$

85. LÍMITES Y CONTINUIDAD.

Definición de límite: Sea f una función de dos variables definida, con la posible excepción de (x_0,y_0), en un disco abierto centrado en (x_0,y_0) y sea L un número real.
Entonces,

$$\lim_{(x,y)\to(x_0,y_0)} f(x,y) = L \qquad (*)$$

si para cada $\varepsilon > 0$ existe un $\delta > 0$ tal que:

$$|f(x,y) - L| < \varepsilon \text{ siempre que } 0 < \sqrt{(x-x_0)^2 + (y-y_0)^2} < \delta$$

Nota: El valor L en la ecuación (*) debe ser el mismo para todas las trayectorias posibles de aproximación al punto (x_0,y_0).

Ejemplo de límite que no existe:

Sea la función $f(x,y) = \left(\dfrac{x^2 - y^2}{x^2 + y^2}\right)^2$. Vamos a calcular su límite cuando $(x,y)\to(0,0)$.

Consideremos dos caminos para llegar al punto $(0,0)$.

a) Por el eje X: los puntos serán del tipo $(x,0)$

$$\lim_{(x,0)\to(0,0)} \left(\frac{x^2 - 0^2}{x^2 + 0^2}\right)^2 = 1$$

b) Por la recta (x,x)

$$\lim_{(x,x)\to(0,0)} \left(\frac{x^2 - x^2}{x^2 + x^2}\right)^2 = \lim_{(x,x)\to(0,0)} \left(\frac{0}{2x^2}\right)^2 = 0$$

Los límites son diferentes. Por tanto, el límite no existe.

Definición de continuidad: Una función de dos variables es continua en el punto (x_0,y_0) si $f(x_0,y_0)$ está definido y es igual al límite de $f(x,y)$ cuando (x,y) tiende a (x_0,y_0)

$$\lim_{(x,y)\to(x_0,y_0)} f(x,y) = f(x_0,y_0)$$

f es continua en la región abierta R si es continua en todos los puntos de R.

La definición para 3 o más variables es análoga.

Teorema:
Si h es continua en (x_0,y_0) y g es continua en $h(x_0,y_0)$, entonces la función compuesta $(g \cdot h)(x,y)$ es continua en (x_0,y_0).

Es decir,

$$\lim_{(x,y)\to(x_0,y_0)} g(h(x,y)) = g(h(x_0,y_0))$$

Ejemplo:
Discutir la continuidad de $\dfrac{x-2y}{x^2+y^2}$ y de $\dfrac{2}{y-x^2}$.

86. DERIVADAS PARCIALES.

Pregunta: ¿Cómo varía $f(x,y)$ si modifico, digamos, x?
Respuesta: La derivada parcial de f respecto a x.

Definición: Si $z = f(x,y)$, las derivadas parciales primeras de f respecto a x y a y son las funciones f_x y f_y definidas por:

$$f_x(x,y) = \lim_{\Delta x \to 0} \frac{f(x+\Delta x, y) - f(x,y)}{\Delta x}$$

$$f_y(x,y) = \lim_{\Delta x \to 0} \frac{f(x, y+\Delta y) - f(x,y)}{\Delta y}$$

Siempre y cuando exista el límite.

Notación:

$$f_x(x,y) = \frac{\partial}{\partial x}f(x,y) = z_x = \frac{\partial z}{\partial x}$$

$$f_y(x,y) = \frac{\partial}{\partial y}f(x,y) = z_y = \frac{\partial z}{\partial y}$$

$$\left.\frac{\partial z}{\partial x}\right|_{(a,b)} = f_x(a,b) \quad \text{y} \quad \left.\frac{\partial z}{\partial y}\right|_{(a,b)} = f_y(a,b)$$

Coloquialmente, los valores $\frac{\partial f}{\partial x}$ y $\frac{\partial f}{\partial y}$ denotan la pendiente de la superficie de la gráfica, en la dirección OX y OY, respectivamente.

Derivadas parciales de órdenes superiores.

- $\frac{\partial}{\partial x}\left(\frac{\partial f}{\partial x}\right) = \frac{\partial^2 f}{\partial x^2} = f_{xx}$
- $\frac{\partial}{\partial y}\left(\frac{\partial f}{\partial y}\right) = \frac{\partial^2 f}{\partial y^2} = f_{yy}$

Derivadas parciales cruzadas.

- $\frac{\partial}{\partial x}\left(\frac{\partial f}{\partial y}\right) = \frac{\partial^2 f}{\partial x \partial y} = f_{yx}$
- $\frac{\partial}{\partial y}\left(\frac{\partial f}{\partial x}\right) = \frac{\partial^2 f}{\partial y \partial x} = f_{xy}$

Teorema: Igualdad de las derivadas parciales cruzadas.

Si f es una función de x,y tal que $f, \frac{\partial f}{\partial x}, \frac{\partial f}{\partial y}, \frac{\partial^2 f}{\partial x \partial y}, \frac{\partial^2 f}{\partial y \partial x}$ son continuas en la región abierta R, entonces para cada $(x,y) \in R$, se cumple que

$$\frac{\partial}{\partial y}\left(\frac{\partial f}{\partial x}\right) = \frac{\partial}{\partial x}\left(\frac{\partial f}{\partial y}\right)$$

Ejemplo:

Sea $f(x,y) = \begin{cases} \dfrac{xy(x^2 - y^2)}{x^2 + y^2}, & (x,y) \neq (0,0) \\ 0, & (x,y) = (0,0) \end{cases}$

Se pide:

a) Hallar $\dfrac{\partial f}{\partial x}$ y $\dfrac{\partial f}{\partial y}$ para $(x,y) \neq (0,0)$.

b) Usar la definición de derivada parcial (la de límites) para hallar $f_x(0,0)$, $f_y(0,0)$.

c) Calcular $f_{xy}(x,y)$, $f_{yx}(x,y)$. ¿Cuál es la conclusión?

87. DIFERENCIALES.

- **Definición de diferencial total:** Si $z = f(x,y)$ y $\Delta x, \Delta y$ son incrementos de x y de y, entonces las diferenciales de las variables independientes x e y son:

$$dx = \Delta x \text{ y } dy = \Delta y$$

Y la diferencial total de la variable dependiente z es:

$$dz = \frac{\partial z}{\partial x}dx + \frac{\partial z}{\partial y}dy = f_x\, dx + f_y\, dy$$

- **Definición de diferenciabilidad:** Una función f dada por $z = f(x,y)$ es diferenciable en (x,y) si Δz puede expresarse como:

$$\Delta z = f_x\, \Delta x + f_y\, \Delta y + \epsilon_1\, \Delta x + \epsilon_2\, \Delta y$$

Donde ϵ_1 y $\epsilon_2 \to 0$ cuando $(\Delta x, \Delta y) \to (0,0)$

- Una función f **es diferenciable** en R si lo es en todo punto de R.

Ejemplo: Probad que $f(x,y) = x^2 + 3y$ es diferenciable en todo R^2.

Solución:
$z = f(x,y)$

$\Delta z = f(x + \Delta x, y + \Delta y) - f(x,y) = \ldots = 2x\, \Delta x + 3\, \Delta y + (\Delta x)\Delta x + 0\, \Delta y =$

$$= f_x(x,y)\Delta x + f_y(x,y)\Delta y + \epsilon_1 \Delta x + \epsilon_2 \Delta y$$

Hemos llamado $f_x(x,y) = 2x$ y $f_y(x,y) = 3$.

Pero lo principal es que $\epsilon_1 = \Delta x$ y $\epsilon_2 = 0$. Por lo que se cumple que ambos tienden a cero cuando $\Delta x \to 0$.

Condición suficiente para la diferenciabilidad: Si f es una función de x,y con f, f_x, f_y continuas en una región abierta R, entonces f es diferenciable en R.

Diferenciabilidad implica continuidad:
Teorema: Si f es diferenciable en un punto (x_0, y_0), entonces también será continua en (x_0, y_0).

88. REGLA DE LA CADENA.

Teorema:
Sea $w = f(x,y)$, donde f es diferenciable. Si $x = g(t)$ e $y = h(t)$, siendo g y h funciones derivables de t, entonces w es una función derivable de t, y su derivada es:

$$\frac{dw}{dt} = \frac{\partial w\, dx}{\partial x\, dt} + \frac{\partial w\, dy}{\partial y\, dt}$$

Teorema: Sea $w = f(x,y)$, donde f es diferenciable. Si $x = g(s,t)$ e $y = h(s,t)$ de forma tal que $\frac{\partial x}{\partial s}, \frac{\partial x}{\partial t}, \frac{\partial y}{\partial s}, \frac{\partial y}{\partial t}$ existen todas, entonces $\frac{\partial w}{\partial s}$ y $\frac{\partial w}{\partial t}$ existen y vienen dadas por:

$$\frac{\partial w}{\partial s} = \frac{\partial w\, \partial x}{\partial x\, \partial s} + \frac{\partial w\, \partial y}{\partial y\, \partial s}$$

$$\frac{\partial w}{\partial t} = \frac{\partial w\, \partial x}{\partial x\, \partial t} + \frac{\partial w\, \partial y}{\partial y\, \partial t}$$

Teorema: Derivación implícita.

- Si la ecuación $F(x,y) = 0$ define a y implícitamente como función derivable de x, entonces:

$$\frac{dy}{dx} = -\frac{F_x(x,y)}{F_y(x,y)}; \quad \text{con } F_y(x,y) \neq 0$$

- Si la ecuación $F(x,y,z) = 0$ define a z implícitamente como función diferenciable de x e y, entonces:

$$\frac{\partial z}{\partial x} = -\frac{F_x(x,y,z)}{F_z(x,y,z)} \quad \text{y} \quad \frac{\partial z}{\partial y} = -\frac{F_y(x,y,z)}{F_z(x,y,z)}, \quad \text{con } F_z(x,y,z) \neq 0$$

Ejemplo: Calcular las derivadas parciales implícitamente, $\frac{\partial z}{\partial x}$ y $\frac{\partial z}{\partial y}$, si $3x^2z - x^2y^2 + 2z^3 + 3yz - 5 = 0$.

Solución:
$F_x(x,y,z) = 6xz - 2xy^2$
$F_y(x,y,z) = -2x^2y + 3z$
$F_z(x,y,z) = 3x^2 + 6z^2 + 3y$

Por tanto,

$$\frac{\partial z}{\partial x} = -\frac{6xz - 2xy^2}{3x^2 + 6z^2 + 3y} \quad \text{y} \quad \frac{\partial z}{\partial y} = \frac{2x^2y - 3z}{3x^2 + 6z^2 + 3y}$$

89. DERIVADAS DIRECCIONALES Y GRADIENTES.

Derivada direccional.
Sea f una función de dos variables x e y, y sea $\vec{u} = \cos\theta \vec{i} + \sin\theta \vec{j}$ un vector unitario. Entonces la derivada direccional de f en la dirección de $\vec{u}$ es:

$$D_u f(x,y) = \lim_{t \to 0} \frac{f(x + t\cos\theta, y + t\sin\theta) - f(x,y)}{t}$$

- Una forma más simple es la siguiente:

$$D_u f(x,y) = f_x(x,y)\cos\theta + f_y(x,y)\sin\theta$$

Ejemplo: Hallar la derivada de $f(x,y) = 4 - x^2 - \frac{y^2}{4}$ en el punto $(1,2)$ y en la dirección $\vec{u} = \cos\frac{\pi}{3}\vec{i} + \sin\frac{\pi}{3}\vec{j}$.

Solución:
$f_x(x,y) = -2x; \quad f_y(x,y) = -\frac{y}{2}$

$$D_u f(x,y) = -2x\cos\frac{\pi}{3} - \frac{y}{2}\sin\frac{\pi}{3}$$

$$D_u f(1,2) = -2\frac{1}{2} - \frac{2\sqrt{3}}{2\,2} = -1 - \frac{\sqrt{3}}{2} = -1{,}866$$

El gradiente de una función de dos variables.

Si $z = f(x,y)$, el gradiente de f es el vector:

$$\vec{\nabla} f(x,y) = f_x(x,y)\vec{i} + f_y(x,y)\vec{j}$$

La derivada direccional se puede reescribir como:

$$D_u f(x,y) = \vec{\nabla} f(x,y) \vec{u}$$

Ejemplo: El gradiente de la función anterior $f(x,y) = 4 - x^2 - \frac{y^2}{4}$ sería:

$$\vec{\nabla} f = -2x\,\vec{i} - \frac{y}{2}\vec{j}$$

Propiedades del gradiente:

Sea $f(x,y)$ una función diferenciable en el punto (x,y).

1) Si $\vec{\nabla} f(x,y) = \vec{0}$, entonces $D_u f(x,y) = 0$ para todo $\vec{u}$.

2) La **dirección de máximo crecimiento** de f viene dada por $\vec{\nabla} f(x,y)$. El valor máximo de $D_u f(x,y) = \|\vec{\nabla} f(x,y)\|$

3) Análogamente, $-\vec{\nabla} f(x,y)$ es la dirección de mínimo crecimiento y el valor mínimo de $D_u f(x,y) = -\|\vec{\nabla} f(x,y)\|$.

Ejemplo: Hallar la dirección de máximo crecimiento para la función del ejemplo anterior en el punto $(1, 2)$

Solución: $\vec{\nabla} f(x,y) = -2x\,\vec{i} - \frac{y}{2}\vec{j}; \quad \vec{\nabla} f(1,2) = -2\,\vec{i} - \vec{j}$

Teorema: El gradiente es perpendicular a las curvas de nivel.

Ejemplo: Sea $f(x,y) = 4 - x^2 - \frac{y^2}{4}$. La curva de nivel $z = 2$ es tal que $x^2 + \frac{y^2}{4} = 2$. Esto es, la elipse $\frac{x^2}{2} + \frac{y^2}{8} = 1$.

Tomamos el punto $(1,2)$ su gradiente es $\vec{\nabla} f = -2\vec{i} - \vec{j}$.

La tangente a la curva de nivel en el punto $(1,2)$ es:

$\frac{2x}{2} + \frac{2y}{8}\frac{dy}{dx} = 0; \frac{dy}{dx} = -\frac{x/2}{y/8} = -\frac{4x}{y}\Big|_{(1,2)} = -2$

Y, como vemos, $\vec{\nabla} f \cdot \vec{v} = \vec{0}$.

90. PLANOS TANGENTES Y RECTAS NORMALES.

Definición: Sea F diferenciable en el punto $P(x_0, y_0, z_0)$ de la superficie S dada por $F(x,y,z) = 0$, con $\vec{\nabla} F(x_0, y_0, z_0) \neq 0$.

1) El plano que pasa por P y es normal a $\vec{\nabla} F(x_0, y_0, z_0)$ es el **plano tangente** a S en P.
2) La recta que pasa por P y tiene la dirección de $\vec{\nabla} F$ se conoce como la **recta normal** a S en P.

Ecuación del plano tangente en el punto (x_0, y_0, z_0) es:

$$F_x(x_0,y_0,z_0)(x - x_0) + F_y(x_0,y_0,z_0)(y - y_0) + F_z(x_0,y_0,z_0)(z - z_0) = 0$$

Ejemplo: Hallar el plano tangente a la superficie $z = 4 - x^2 - \frac{y^2}{4}$ para $x = 1, y = 2$.

Solución: $F(x,y,z) = 0 \Rightarrow x^2 + \frac{y^2}{4} + z - 4 = 0$

$\begin{matrix} x_0 = 1 \\ y_0 = 1 \end{matrix} \Rightarrow z_0 = 2 \Rightarrow P(1,2,2)$

$$F_x(1,2,2) = 2x\big|_{x=1} = 2$$
$$F_y(1,2,2) = \frac{y}{2}\big|_{y=2} = 1 \quad\Big\} \quad 2(x-1) + (y-2) + (z-2) = 0 \Rightarrow 2x + y + z = 6.$$
$$F_z(1,2,2) = 1$$

La ecuación de la recta normal a S en $P(1,2,2)$ será:

$$\frac{x-1}{2} = \frac{y-2}{1} = \frac{z-2}{1}$$

Porque pasa por $(1,2,2)$ y su vector director es $(2,1,1)$.

Teorema: El gradiente es normal a las curvas de nivel.
Si F es diferenciable en (x_0, y_0, z_0) y $\vec{\nabla}F(x_0, y_0, z_0) \neq 0$, entonces $\vec{\nabla}F(x_0, y_0, z_0)$ es normal a la superficie de nivel que pasa por (x_0, y_0, z_0).

91. EXTREMOS DE FUNCIONES DE DOS VARIABLES.

Teorema del valor extremo.
Sea f una función continua de dos variables x e y definida en una región acotada cerrada R del plano XY.
1. Habrá al menos un punto en R en el que f adquiere su valor mínimo.
2. Habrá al menos un punto en R en el que f adquiere su valor máximo.

Extremo relativo.
Sea f definida en una región R que contiene al punto (x_0, y_0).
1. $f(x_0, y_0)$ es un mínimo relativo de f si $f(x,y) \geq f(x_0, y_0)$ para todo (x, y) en un disco abierto que contiene a (x_0, y_0).
2. $f(x_0, y_0)$ es un máximo relativo de f si $f(x,y) \leq f(x_0, y_0)$ para todo (x, y) en un disco abierto que contiene a (x_0, y_0).

Punto crítico
Sea f definida en una región abierta R conteniendo (x_0, y_0). Decimos que (x_0, y_0) es un **punto crítico** de f si se verifica una de las afirmaciones siguientes:

1. $\frac{\partial f}{\partial x}\big|_{(x_0, y_0)} = 0$ y $\frac{\partial f}{\partial y}\big|_{(x_0, y_0)} = 0$
2. $\frac{\partial f}{\partial x}\big|_{(x_0, y_0)}$ ó $\frac{\partial f}{\partial y}\big|_{(x_0, y_0)}$ no existen.

Teorema: Todos los extremos relativos son puntos críticos. El recíproco no es cierto.

Ejemplo: Cálculo de extremos relativos.

$$f(x,y) = 2x^2 + y^2 + 8x - 6y + 20 \implies \begin{aligned} \frac{\partial f}{\partial x} &= 4x + 8 = 0; & x &= -2 \\ \frac{\partial f}{\partial y} &= 2y - 6 = 0; & y &= 3 \end{aligned}$$

Completando cuadrados:
$f(x,y) = 2(x+2)^2 + (y-3)^2 + 3 > 3$ para todo $(x,y) \neq (-2,3)$.

Por tanto, $(-2,3)$ es un **mínimo relativo**. Siendo $f(-2,3) = 3$.

Criterio de las derivadas parciales segundas.
Sea una función f con derivadas parciales primeras y segundas continuas en una región abierta R.

Sea $(a,b) \in R$ tal que $f_x(a,b) = f_y(a,b) = 0$.

Hallamos:

$$d = \begin{vmatrix} f_{xx}(a,b) & f_{xy}(a,b) \\ f_{yx}(a,b) & f_{yy}(a,b) \end{vmatrix}$$

Tenemos:

1. Si $d > 0$ y $f_{xx}(a,b) > 0$ → Mínimo relativo.
2. Si $d > 0$ y $f_{xx}(a,b) < 0$ → Máximo relativo.
3. Si $d < 0$ → Punto de silla.
4. Si $d = 0$ → No hay conclusión.

Ejemplo: Sea $f(x,y) = -x^3 + 4xy - 2y^2 + 1$.

$$\left. \begin{aligned} f_x(x,y) &= -3x^2 + 4y = 0 \\ f_y(x,y) &= 4x - 4y = 0 \end{aligned} \right\} \rightarrow -3x^2 + 4x = 0; \quad x(4 - 3x) = 0 \rightarrow \begin{aligned} x &= 0 \\ x &= \frac{4}{3} \end{aligned}$$

Puntos críticos: $A(0,0)$ y $B(\frac{4}{3}, \frac{4}{3})$

$f_{xx}(x,y) = -6x$
$f_{xy}(x,y) = 4 = f_{yx}(x,y)$

$f_{yy}(x,y) = -4$

Por tanto, $d = \begin{vmatrix} -6x & 4 \\ 4 & -4 \end{vmatrix} = 24x - 16.$

En el punto A: $d = -16 < 0$ y $f_{xx}(0,0) = 0$ PUNTO DE SILLA.

En el punto B: $d = 16 > 0$ y $f_{xx}\left(\frac{4}{3},\frac{4}{3}\right) = -8 < 0$ MÁXIMO RELATIVO.

92. MULTIPLICADORES DE LAGRANGE (1736-1813)

Se utiliza para resolver problemas de optimización (maximización o minimización) con restricciones (ligaduras).

Comenzamos con un ejemplo: Hallar el rectángulo de área máxima inscrito en la elipse:

$$\frac{x^2}{3^2} + \frac{y^2}{4^2} = 1.$$

Dado un punto (x,y) en el primer cuadrante, su área es $A = 4xy$.

Se trata de hallar el máximo de A para todos los puntos que cumplan $\frac{x^2}{3^2} + \frac{y^2}{4^2} = 1$.

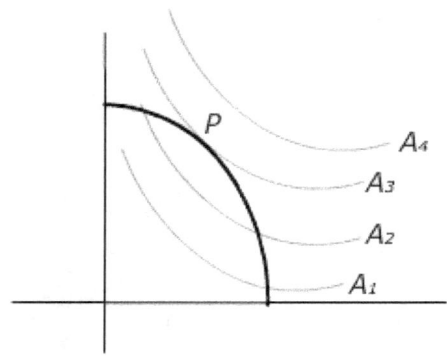

Curvas de área constante: $y = \frac{A}{4x}$. (las $A_1, A_2, \ldots$ de la figura.

La solución es el punto P, tangente a la elipse y la curva de área constante mayor que se puede alcanzar.

Por tanto, tenemos el teorema siguiente.

Teorema de Lagrange.

Sean f y g funciones con derivadas parciales primeras continuas tales que f tiene un extremo en el punto (x_0,y_0) de la curva de la ligadura $g(x,y) = c$. Si $\vec{\nabla} g(x_0,y_0) \neq 0$, entonces se cumple que:

$$\vec{\nabla} f(x_0,y_0) = \lambda \, \vec{\nabla} g(x_0,y_0), \qquad \lambda \in R$$

Es decir, ambos gradientes son paralelos, ya que las curvas de la función y de la ligadura son tangentes.

Método de los multiplicadores de Lagrange.
Supongamos f y g del teorema anterior.
Supongamos que f tiene un mínimo o un máximo en la ligadura g.

Pasos para hallar dicho máximo o mínimo:
 1) Resolver $\nabla f = \lambda \nabla g$ y $g(x,y) = c$. Es decir,
$$\left. \begin{array}{l} f_x = \lambda \, g_x \\ f_y = \lambda \, g_y \\ g(x,y) = c \end{array} \right\}$$

 2) Calcular f en cada punto solución del paso anterior.
   a. El mayor de estos valores será el máximo de f sujeto a $g(x,y) = c$.
   b. El menor de estos valores será el mínimo de f sujeto a $g(x,y) = c$.

Ejemplo: Resolvemos el caso del rectángulo y la elipse con este método.

$f(x,y) = 4xy$ sujeto a $g(x,y) = \dfrac{x^2}{3^2} + \dfrac{y^2}{4^2} - 1$

Tenemos el sistema siguiente:

$$4y = \lambda \frac{2x}{9}$$

$$4x = \lambda \frac{y}{8}$$

$$\frac{x^2}{3^2} + \frac{y^2}{4^2} = 1$$

Cuya solución es:

$$x = \frac{3}{\sqrt{2}} \text{ y } y = \sqrt{8}$$

La función en ese punto vale:

$$f\left(\frac{3}{\sqrt{2}}, \sqrt{8}\right) = 24$$

El máximo relativo está en $P\left(\left(\frac{3}{\sqrt{2}}, \sqrt{8}\right)\right)$ y el área máxima es 24.

Ampliaciones.
- Si f es de 3 ó más variables, el método es el mismo: $\nabla f = \lambda \nabla g$. Simplemente, que los gradientes tienen ahora 3 componentes.
- Si tenemos 2 ó más ligaduras, habrá que resolver $\vec{\nabla} f = \lambda \vec{\nabla} g + \mu \vec{\nabla} h + \dots$

TEMA 17: INTEGRACIÓN MÚLTIPLE.

93. INTEGRALES ITERADAS Y ÁREAS PLANAS.

¿Cómo hallamos el área de la figura?

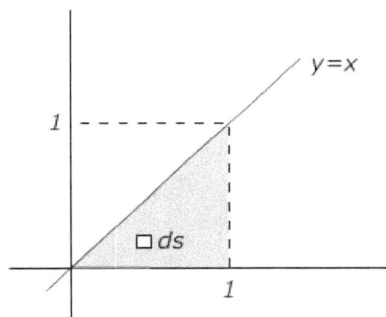

$$ds = dx\, dy$$

Siendo $0 \leq y \leq x$ para $0 \leq x \leq 1$

$$S = \int_0^1 dx \int_0^x dy = \int_0^1 [y]_0^x \, dx = \left[\frac{x}{2}\right]_0^1 = \frac{1}{2}$$

Que coincide con base por altura partido por dos.

En general, se llaman **integrales iteradas** a las del tipo:

$$\int_a^b dx \int_{g_1(x)}^{g_2(x)} f(x,y)\, dy$$

En la primera integración, la x se mantiene constante.

Área de un plano.

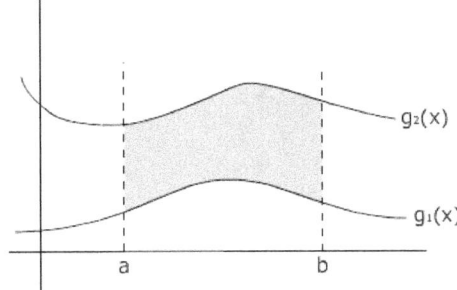

Si R se define por $a \leq x \leq b$ y $g_1(x) \leq y \leq g_2(x)$, siendo g_1 y g_2 continuas en $[a,b]$, entonces el área de R viene dado por:

$$A = \int_a^b \int_{g_1(x)}^{g_2(x)} dx\, dy.$$

Ejemplo: Hallar el área de la región limitada por las gráficas de $f(x) = \sin x$ y $g(x) = \cos x$ entre $x = \dfrac{\pi}{4}$ y $x = \dfrac{5\pi}{4}$.

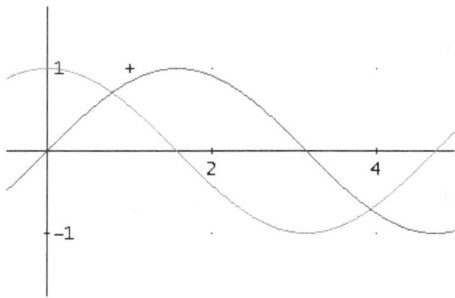

94. INTEGRALES DOBLES Y VOLUMEN.

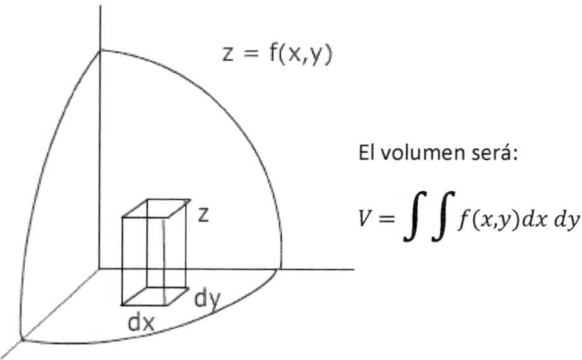

$z = f(x,y)$

El volumen será:

$$V = \iint f(x,y)\,dx\,dy$$

Integral doble: Si f está definida en una región cerrada y acotada R del plano XY, la **integral doble de** f **sobre R** se define como:

$$\iint_R f(x,y)\,dA = \lim_{\Delta \to 0} \sum_{i=1}^{n} f(x_i, y_i)\Delta x_i\, \Delta y_i \qquad \text{SUMA DE RIEMANN}$$

Supuesto que exista ese límite, en cuyo caso se dice que f es integrable sobre R.

Ejemplo: Hallar el volumen de la región limitada por el paraboloide $z = 4 - x^2 - 2y^2$ y el plano XY.

Solución: La curva que define la base es $z = 0 = 4 - x^2 - 2y^2$; $x^2 + 2y^2 = 4$.

Es por tanto, una elipse.

Los límites para y en función de x son:

$$-\sqrt{\frac{4-x^2}{2}} \leq y \leq \sqrt{\frac{4-x^2}{2}}$$

Los límites constantes de x son:

$$-2 \leq x \leq 2$$

El volumen será:

$$V = \int_{-2}^{2} dx \int_{-\sqrt{\frac{4-x^2}{2}}}^{\sqrt{\frac{4-x^2}{2}}} (4 - x^2 - 2y^2) dy = 4\sqrt{2}\pi$$

95. CAMBIO DE VARIABLES: COORDENADAS POLARES.

Algunas integrales dobles son más sencillas en coordenadas polares.

Por ejemplo: regiones como círculos, cardioides, curvas de pétalos,...

Supongamos que la región R es de la forma:

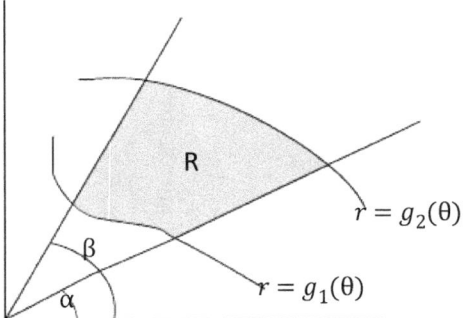

Ejemplo:
Hallar el área de R, región del primer cuadrante situada en el interior de la circunferencia $r = 4\cos\theta$ y en el exterior de la circunferencia $r = 2$.

Solución: Hallamos el punto de corte de las dos circunferencias. Será $\theta_0 = \frac{\pi}{3}$.

Por tanto, los límites son: $0 \leq \theta \leq \frac{\pi}{3}$ y $2 \leq r \leq 4\cos\theta$.

Luego:

$$A = \int_0^{\frac{\pi}{3}} \int_2^{4\cos\theta} r\, dr\, d\theta = \ldots = \sqrt{3} + \frac{2\pi}{3} = 3{,}286$$

Cambio de variables a la forma polar.
Sea R una región plana formada por los puntos $(x,y) = (r\cos\theta, r\sin\theta)$ que cumplen la condición $0 \leq g_1(\theta) \leq r \leq g_2(\theta)$; $\theta_1 \leq \theta \leq \theta_2$; donde $0 \leq (\theta_2 - \theta_1) \leq 2\pi$, si g_1, g_2, f son continuas en sus intervalos, entonces:

$$\iint_R f(x,y)\, dA = \int_{\theta_1}^{\theta_2} \int_{g_1(\theta)}^{g_2(\theta)} f(r\cos\theta, r\sin\theta)\, r\, dr\, d\theta$$

Si f es continua en r y θ sobre R, la integral doble en forma polar es:

$$\iint_R f(r,\theta)\, dA = \iint_R f(r,\theta)\, r\, dr\, d\theta$$

Ejemplo: Hallar el volumen de la región limitada superiormente por $z = \sqrt{16 - x^2 - y^2}$ e inferiormente por la región circular $x^2 + y^2 = 4$.

Solución: Los límites del círculo en coordenadas polares son:

$0 < r \leq 2 \quad y \quad 0 \leq \theta \leq 2\pi$

El volumen será:

$$V = \int_0^{2\pi} d\theta \int_0^2 f(r\cos\theta, r\sin\theta) r\, dr = \int_0^{2\pi} d\theta \int_0^2 \sqrt{16 - r^2\cos^2\theta - r^2\sin^2\theta}\, r\, dr =$$

$$= \frac{2\pi}{3}(64 - 24\sqrt{3}) = 46.98$$

96. CENTROS DE MASAS Y MOMENTOS DE INERCIA.

Si ρ es una función densidad continua de la lámina correspondiente a la región plana R, entonces los momentos con respecto a los ejes x e y son:

$$M_x = \iint_R y\, \rho(x,y) dA \qquad M_y = \iint_R x\, \rho(x,y) dA$$

Además, si m es la masa de la lámina, entonces el centro de masas es:

$$(\bar{x}, \bar{y}) = \left(\frac{M_y}{m}, \frac{M_x}{m}\right)$$

Ejemplo: Hallar el centro de masas de la lámina correspondiente a la región limitada por $y = 4 - x^2$ y el eje OX, siendo $\rho(x,y) = k\, y$

Solución: El centro de masas es $(\bar{x}, \bar{y}) = (0, \frac{16}{7})$

MOMENTOS DE INERCIA (de una lámina respecto a una recta)

Definición: El momento de inercia respecto a una recta es la resistencia que ofrece la materia a un cambio de rotación teniendo como eje dicha recta.

Su cálculo es:

$$I_x = \iint_R y^2\, \rho(x,y)\,dA \qquad I_y = \iint_R x^2\, \rho(x,y)\,dA$$

Se llama momento polar de inercia a:

$$I_0 = \iint_R (x^2 + y^2)\, \rho(x,y)\,dA = \iint_R r^2\, \rho(x,y)\,dA = I_x + I_y$$

Representa el momento de inercia respecto al eje z.

Ejemplo: Hallar I_x para la lámina del ejemplo anterior.

Solución:
$$I_x = \int_{-2}^{2} dx \int_{0}^{4-x^2} y^2\, k\, y\, dy = \ldots = 32768\frac{k}{315}$$

97. ÁREA DE UNA SUPERFICIE.

Si f y sus derivadas parciales son continuas en un R del plano XY, entonces el área de la superficie $z = f(x,y)$ sobre R viene dada por:

$$S = \iint_R dS = \iint_R \sqrt{1 + [f_x(x,y)]^2 + [f_y(x,y)]^2}\,dA$$

Ejemplo: Calcular el área de la porción del paraboloide $z = 1 - x^2 - y^2$ que está sobre el círculo unidad $x^2 + y^2 = 1$.

Solución:
$f_x(x,y) = 2x, \quad f_y(x,y) = 2y$

$$S = \iint_R \sqrt{1 + 4x^2 + 4y^2}\, dx\, dy = \int_{-1}^{1} dx \int_{-\sqrt{1-x^2}}^{\sqrt{1-x^2}} dy \sqrt{1 + 4(x^2 + y^2)} = \ldots = 5{,}33$$

98. INTEGRALES TRIPLES Y APLICACIONES.

Definición: Si f es continua en una región sólida acotada Q, entonces la integral triple de f sobre Q se define como:

$$\iiint_Q f(x,y,z)\, dV = \lim_{\|\Delta\| \to 0} \sum_{i=1}^{n} f(x_i, y_i, z_i)\Delta V_i$$

Supuesto que existe el límite. El volumen de la región sólida Q se define como:

$$V(Q) = \iiint_Q dV$$

Cálculo mediante integrales iteradas:

Sea f continua en Q definido por :

$g_1(x,y) \leq z \leq g_2(x,y);\quad h_1(x) \leq y \leq h_2(x);\quad a \leq x \leq b,$

Donde g_1, g_2, h_1, h_2 son continuas. Entonces:

$$\iiint_Q f(x,y,z)\, dV = \int_a^b \int_{h_1(x)}^{h_2(x)} \int_{g_1(x,y)}^{g_2(x,y)} f(x,y,z)\, dz\, dy\, dx$$

Ejemplo: Hallar el volumen del elipsoide $4x^2 + 4y^2 + z^2 = 16$.

Los límites son $0 \leq z \leq 2\sqrt{4 - x^2 - y^2}$

Viendo que si $z = 0 \Rightarrow x^2 + y^2 = 4$ tenemos que:

$0 \leq y \leq \sqrt{4 - x^2}$

$0 \leq x \leq 2$

Estamos calculando sólo el primer octante $(x > 0, y > 0, z > 0)$

El volumen será:

$$V = 8\int_0^2 dx \int_0^{\sqrt{4-x^2}} dy \int_0^{2\sqrt{4-x^2-y^2}} dz = \ldots = \frac{64\pi}{3}$$

Centros de masas y momentos de inercia.

Región sólida Q. Función de densidad $\rho(x,y,z)$

Tendremos que:

- Masa: $$m = \iiint_Q \rho(x,y,z)dV$$

- Momento primero respecto al plano XZ: $$M_{xz} = \iiint_Q y\,\rho(x,y,z)dV$$

- Momento primero respecto al plano YZ: $$M_{yz} = \iiint_Q x\,\rho(x,y,z)dV$$

- Momento primero respecto al plano XY: $$M_{xy} = \iiint_Q z\,\rho(x,y,z)dV$$

El centro de masas es:

$$\bar{x} = \frac{M_{yz}}{m}; \quad \bar{y} = \frac{M_{xz}}{m}; \quad \bar{z} = \frac{M_{xy}}{m}$$

Los momentos de inercia son:

$$I_x = \iiint_Q (y^2 + z^2)\,\rho(x,y,z)dV$$
respecto al eje X.

$$I_y = \iiint_Q (x^2 + z^2)\,\rho(x,y,z)dV$$
respecto al eje Y.

$$I_z = \iiint_Q (x^2 + y^2)\,\rho(x,y,z)dV$$
respecto al eje Z.

Ejemplo: Hallar los momentos de inercia respecto a los ejes X e Y de la región sólida comprendida entre $z = \sqrt{4 - x^2 - y^2}$ y el plano XY suponiendo que $\rho(x,y,z) = k\,z$. (Usar DERIVE)

Solución:
Por simetría $I_x = I_y$

$$I_x = \int_{-2}^{2} \int_{-\sqrt{4-x^2}}^{\sqrt{4-x^2}} \int_{0}^{\sqrt{4-x^2-y^2}} (y^2 + z^2)\, k\,z\, dz\, dy\, dx = \ldots = 8\,k\,\pi$$

99. INTEGRALES TRIPLES EN COORDENADAS CILÍNDRICAS Y ESFÉRICAS.

Coordenadas cilíndricas.

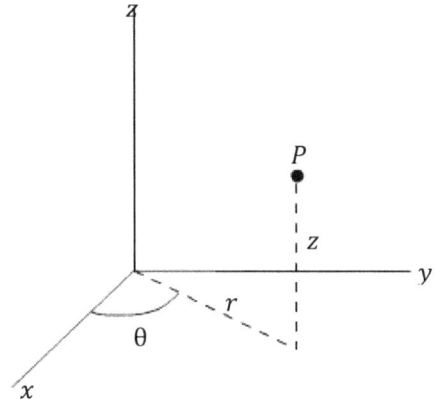

$x = r\cos\theta$
$y = r\sin\theta$
$z = z$

$r = \sqrt{x^2 + y^2}$
$\theta = arctg\dfrac{y}{x}$

Convenientes para figuras simétricas alrededor del eje z.

Coordenadas esféricas.

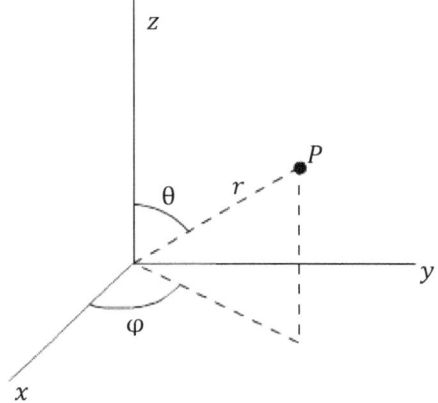

$x = r\sin\theta\cos\varphi$
$y = r\sin\theta\cos\varphi$
$z = r\cos\theta$

$r = \sqrt{x^2 + y^2 + z^2}$
$\theta = \arccos\left(\dfrac{z}{\sqrt{x^2 + y^2 + z^2}}\right)$
$\varphi = arctg\dfrac{y}{x}$

Convenientes para figuras con simetría esférica.

Este cambio de coordenadas es recomendable en sólidos como: esferas, elipsoides, conos, paraboloides, etc.

Integral triple en coordenadas cilíndricas.

Si f es una función continua de r, θ y z en una región sólida acotada Q, entonces en coordenadas cilíndricas la integral triple de f sobre Q es:

$$\iiint_Q f(r,\theta,z)dV = \lim_{\Delta \to 0} \sum_{i=1}^{n} f(r_i,\theta_i,z_i)\, r_i\, \Delta r_i\, \Delta\theta_i\, \Delta z_i =$$

$$= \int_{\theta_1}^{\theta_2} \int_{h_1(\theta)}^{h_2(\theta)} \int_{g_1(r,\theta)}^{g_2(r,\theta)} f(r,\theta,z) r \, dz \, dr \, d\theta$$

Ejemplo: Hallar el volumen de la región sólida Q cortada en la esfera $x^2 + y^2 + z^2 = 4$ por el cilindro $r = 2\sin\theta$ como se ve en la figura.

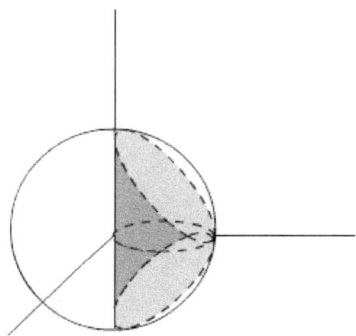

Solución:
Como $x^2 + y^2 + z^2 = r^2 + z^2 = 4$, los límites de z son:

$$-\sqrt{4-r^2} \le z \le \sqrt{4-r^2}$$

Siendo R la proyección circular sobre el plano $r\theta$, los límites en R para r y θ son:

$$0 \le r \le 2\sin\theta \quad y \quad 0 \le \theta \le \pi$$

Por tanto,

$$V_Q = \int_0^\pi d\theta \int_0^{2\sin\theta} r \, dr \int_{-\sqrt{4-r^2}}^{\sqrt{4-r^2}} dz = \ldots = \frac{16}{9}(3\pi - 4)$$

Integral triple en coordenadas esféricas.

Si f es una función continua de r, θ y φ en una región sólida acotada Q, entonces en coordenadas esféricas la integral triple de f sobre Q es:

$$\iiint_Q f(r,\theta,\varphi)dV = \lim_{\Delta \to 0} \sum_{i=1}^{n} f(r_i,\theta_i,\varphi_i)\, r_i^2 \sin\theta_i\, \Delta r_i\, \Delta\theta_i\, \Delta\varphi_i =$$

$$= \int_0^{2\pi} \int_{h_1(\varphi)}^{h_2(\varphi)} \int_{g_1(\varphi,\theta)}^{g_2(\varphi,\theta)} f(r,\theta,\varphi) r^2 \sin\theta\, dr\, d\theta\, d\varphi$$

Ejemplo: Hallar el volumen de la región sólida Q limitada inferiormente por el interior de la hoja superior del cono $z^2 = x^2 + y^2$ y superiormente por la esfera $x^2 + y^2 + z^2 = 9$.

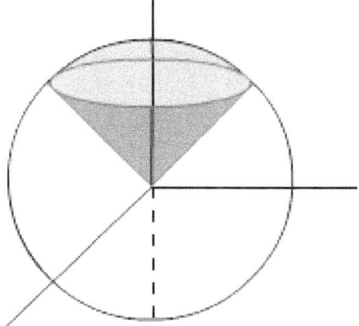

Solución: En coordenadas esféricas la esfera es $r = 3$.

El cono es $r^2 \cos^2\theta = r^2 \sin^2\theta \to \cos\theta = \sin\theta \to \theta = \frac{\pi}{4}$.

Los límites son:
$0 \le \varphi \le 2\pi$

$0 \le \theta \le \frac{\pi}{4}$

$0 \le r \le 3$

PROBLEMAS DE CÁLCULO

PROBLEMAS TEMA 11. LÍMITES Y CONTINUIDAD.

1. Calcular los siguientes límites.

   a) $\lim\limits_{x \to 2} \dfrac{x-2}{x^2 - x - 2}$

   b) $\lim\limits_{x \to -3} \dfrac{\sqrt{1-x}-2}{x+3}$

   c) $\lim\limits_{x \to -3} \left(1 + \dfrac{x}{x^2+2}\right)^{1/x}$

2. Hallar para qué valores de x es continua la función $f(x) = \sqrt{x^2 - 2x - 3}$.

3. Hallar las discontinuidades (si las hay) de las funciones siguientes y decir si son evitables o no:

   a) $f(x) = \dfrac{x+2}{x^2 - 3x - 10}$

   b) $g(x) = \dfrac{x}{x^2+1}$

   c) $h(x) = \dfrac{\sqrt{x+1}-\sqrt{2}}{x^2-1}$

4. Calcular el valor de a para que la función

$$f(x) = \begin{cases}(1+x^2)^{2/x^2} & \text{si } x < 0 \\ (2x+1)^{a/x} & \text{si } x \geq 0\end{cases}$$

   donde $f(0) = e^2$, sea continua en x=0.

5. Analizar la continuidad de la función

$$f(x) = \dfrac{\sqrt{x^2+x-6}}{x^2+x-2}$$

6. Comprobar con el teorema del valor intermedio que la función $f(x) = x^3 + \dfrac{35}{6}x^2 + \dfrac{7}{6}x - 8$ tiene 3 ceros en la recta real.

PROBLEMAS TEMA 12. DERIVADAS.

1. Hallar las derivadas de las funciones siguientes y representa su gráfica:
   a) $f(x) = x^{1/2} - x^{-1/2}$
   b) $f(x) = \dfrac{x^2 + x - 1}{x^2 - 1}$
   c) $f(x) = \dfrac{2}{\sqrt{x+1}}$

2. Hallar los puntos de la gráfica del polinomio $\dfrac{x^3}{3} + x^2 - x - 1$ en los que la pendiente es a) -1, b) 2, y c) 0.

3. Un punto se mueve a lo largo de la curva $y = \sqrt{x}$ de manera tal que el valor de y crece a razón de 2 unidades por segundo. ¿A qué ritmo está cambiando x para los valores x=1/2, x=1 y x=4?

4. Dada la función:

$$C(x) = 10\left(\dfrac{1}{x} + \dfrac{x}{x+3}\right)$$

   a) Comprobar que C(3)=C(6).
   b) Hallar, según el teorema de Rolle, el valor en que C'(x)=0.

5. Una empresa introduce un nuevo producto para el que el número de unidades vendidas viene dado por:

$$S(t) = 200\left(5 - \dfrac{9}{2+t}\right)$$

   donde el tiempo t se mide en meses.

   a) Hallar la razón media de cambio de S(t) durante el primer año.
   b) ¿En qué mes ha sido S'(t) igual a esa razón media de cambio?

6. Dibujar la gráfica de f(x) = 4 - | x – 2 |.
   a) ¿Es f continua en x=2?
   b) ¿Es f derivable en x=2?

PROBLEMAS TEMA 13. ESTUDIO ANALÍTICO DE FUNCIONES.

1. Al estornudar contraemos la tráquea, lo que afecta a la velocidad v del aire que pasa por ella. La velocidad del aire durante el estornudo es:

$$v = K(R-r)r^2$$

donde K es una constante positiva, R el radio normal de la tráquea y r el radio durante el estornudo. ¿Qué radio r produce la máxima velocidad? ¿Cuál es la máxima velocidad? Dibujar su gráfica.

2. Una hamburguesería, si vende x hamburguesas, logra un beneficio P dado por:

$$P = 2.44x - \frac{x^2}{20000} - 5000, \qquad 0 < x < 35000$$

Hallar el intervalo abierto en el que P es creciente o decreciente.

3. Un avión comienza a descender desde 1 km de altura, cuando está a 4 km de la pista de aterrizaje. Hallar el polinomio de grado 3, $f(x)=ax^3+bx^2+cx+d$, en el intervalo [-4, 0] que describe una trayectoria suave de aterrizaje.

4. Hacer un estudio de la curva dada por:

$$f(x) = \frac{x^3}{32} + \frac{3}{6}x^2$$

Hallar: Dominio, cortes con los ejes, discontinuidades, asíntotas verticales y horizontales, puntos de derivada no definida, extremos relativos, concavidad, puntos de inflexión y dibujar su gráfica.

PROBLEMAS TEMA 14. INTEGRALES.

1. Resolver las integrales siguientes:

   a) $\displaystyle\int x\sqrt{x+2}\,dx$
   b) $\displaystyle\int \frac{x^2-1}{\sqrt{2x-1}}\,dx$
   c) $\displaystyle\int \frac{x}{\sqrt{2x+1}}\,dx$

2. Hallar la función f cuya gráfica pasa por el punto (0, 7/3) y cuya derivada es $f'(x) = x\sqrt{1-x^2}$.

3. Calcular las siguientes integrales.

   a) $\displaystyle\int xe^{-2x}\,dx$
   b) $\displaystyle\int \frac{(\ln x)^2}{x}\,dx$
   c) $\displaystyle\int e^{2x}\operatorname{sen} x\,dx$

   d) $\displaystyle\int \frac{3}{x^2+x-2}\,dx$
   e) $\displaystyle\int \frac{x+2}{x^2-4x}\,dx$
   f) $\displaystyle\int \frac{x+4}{x^2-2x-8}\,dx$

   g) $\displaystyle\int \frac{x^3}{\sqrt{1+x^2}}\,dx$
   h) $\displaystyle\int \frac{1}{(1+x^2)^2}\,dx$

PROBLEMAS TEMA 15. INTEGRALES DEFINIDAS.

1. Calcular el área contenida entre las curvas $f(x) = -x^2 + 2x + 3$ y $g(x) = x^2 - 4x + 3$.

2. El volumen V en litros de aire en los pulmones durante un ciclo respiratorio de 5 segundos viene dado por
$$V = 0.1729t + 0.1522t^2 - 0.0373t^3$$

   donde t es el tiempo en segundos. Hallar el volumen medio de aire en los pulmones a lo largo de un ciclo.

3. Calcular el volumen del sólido engendrado al girar en torno al eje x la región contenida entre $f(x) = x^2$ y $g(x) = x^3$.

4. Se gira alrededor del eje x la mitad superior de la elipse $9x^2 + 25y^2 = 225$. Calcular el volumen del sólido generado.

5. Calcular el volumen de un cono truncado.

6. Calcular el volumen del sólido cuya base es el círculo $x^2 + y^2 = 4$, con secciones cuadradas tomadas perpendicularmente al eje x.

PROBLEMAS TEMA 16. FUNCIONES DE VARIAS VARIABLES.

1. Sea la función $f(x) = \sqrt{16 - 4x^2 - y^2}$. Hallar el recorrido y el dominio de dicha función.
2. Dibuja con ayuda de DERIVE el mapa de curvas de nivel correspondiente a la función $f(x, y) = y^2 - x^2$.
3. Estudia la continuidad de las función siguiente:

$$f(x,y,z) = \frac{1}{x^2 + y^2 - z},$$

4. Hallar la curva de intersección entre la superficie y el plano dados. Hallar la pendiente de la curva en el punto que se especifica:

Superficie	Plano	Punto
$z = \sqrt{49 - x^2 - y^2}$	$x = 2$	(2, 3, 6)
$z = x^2 + 4y^2$	$y = 1$	(2, 1, 8)
$z = 9x^2 - y^2$	$y = 3$	(1, 3, 0)

5. Usar la diferencial dz para aproximar la variación en $z = \sqrt{4 - x^2 - y^2}$ cuando (x, y) va del punto (1, 1) al (1.01, 0.97). Comparar esta aproximación con la variación exacta de z.
6. Calcular la derivada direccional de $f(x, y) = x^2 \operatorname{sen} 2y$ en $(1, \pi/4)$ en la dirección de $\mathbf{v} = 3\mathbf{i} - 4\mathbf{j}$.
7. Hallar las ecuaciones de la recta tangente a la curva intersección del elipsoide $x^2+4y^2+2z^2=27$ y el hiperboloide $x^2+y^2-2z^2=11$ en el punto (3, -2, 1).
8. Hallar los extremos relativos de las funciones siguientes y comprueba su naturaleza visualizando la gráfica:

a) $f(x,y) = x^2 + y^2 + 2x - 6y + 6$
b) $f(x,y) = \sqrt{25 - (x - 2)^2 - y^2}$
c) $f(x,y) = \sqrt{x^2 + y^2 + 1}$

9. Estudiar la función $f(x, y) = (2x-y)^2$ y hallar sus extremos relativos o absolutos dentro del triángulo del plano xy delimitado por los vértices (2, 0), (0, 1) y (1, 2).

10. El material de la base de una caja abierta cuesta 1,5 veces lo que cuesta el de los laterales. Hallar las dimensiones de la caja de volumen máximo que se puede construir con un coste fijado C. Plantear el problema con el método de los multiplicadores de Lagrange.

PROBLEMA EN GRUPOS.

Considerad el recinto delimitado por la superficie $z = 1 - x^2 - y^2$ y los cuatro planos $x = \pm 1/2$ e $y = \pm 1/2$. Se pide hallar las ecuaciones de las intersecciones entre la cubierta y las paredes. Hallar también la ecuación del plano tangente a la cubierta por el punto (0.25, 0.25).

Sugerid cualquier otro tipo de superficie para la cubierta del recinto.
Intentad representarlo gráficamente con DERIVE.

PROBLEMAS TEMA 17. INTEGRACIÓN MÚLTIPLE.

1. Hallar el área de la región R situada bajo la parábola $y = 4x - x^2$ sobre el eje x, y sobre la recta
   $y = -3x + 6$.

2. Hallar el volumen de la región sólida R limitada superiormente por el paraboloide $z = 1 - x^2 - y^2$ e inferiormente por el plano $z = 1 - y$.

3. Sea R la región anular situada entre las dos circunferencias $x^2+y^2=1$ y $x^2+y^2=5$. Calcular la siguiente integral sobre esa región:

$$\iint_R (x^2 + y)\, dA$$

4. Hallar el centro de masas del semicírculo con centro en O, de radio R, y densidad $\rho(x,y) = k(R - y)$. Hallar también su momento de inercia respecto al eje Z.

5. Hallar el área de la porción de la superficie $f(x,y) = 1 - x^2 + y$ que está encima de la región triangular de vértices (1,0,0), (0,-1,0) y (0,1,0).

6. Calcular el volumen de cada una de las regiones sólidas siguientes:
   a) La región del primer octante limitada superiormente por el cilindro $z = 1-y^2$ y situada entre los planos verticales $x+y=1$ y $x+y=3$.
   b) El hemisferio superior $z = \sqrt{1 - x^2 - y^2}$.
   c) La región limitada inferiormente por el paraboloide $z=x^2+y^2$ y superiormente por la esfera $x^2+y^2+z^2=6$.

7. Hallar los momentos de inercia respecto al eje z de los dos sólidos siguientes:
   a) Un cilindro paralelo al eje Z con densidad $\rho(x,y,z) = k\sqrt{x^2 + y^2}$, altura L y radio R.
   b) Una esfera centrada en el origen con densidad
   $\rho(x,y,z) = k\sqrt{x^2 + y^2 + z^2}$ y radio R.
   Expresar dichos momentos de inercia en función de la masa m de cada sólido.

PROBLEMA PARA ENTREGAR EN PAREJAS.
Elegir **dos edificios** cualesquiera de la Ciudad de las Ciencias de Valencia. Aproximar sus cubiertas por las funciones del tipo $z = f(x, y)$ que creáis más convenientes y hallar la superficie de la cubierta y el volumen que queda bajo ella.

Se debe entregar por escrito en formato Word o PDF. Debe incluir:
1. Fotografías de los edificios en cuestión (fuente: Internet).
2. Gráficas 3D de DERIVE que muestren las funciones elegidas para comparar con los edificios reales.
3. Cálculos realizados y resultados obtenidos.

Nota: Las dimensiones de los edificios no es necesario que sean exactas. Se trata de realizar una aproximación.

Índice

Prólogo   5

BLOQUE 1: ÁLGEBRA   7

    Tema 1: La estructura del espacio vectorial   9
    Tema 2: Determinantes   15
    Tema 3: Matrices   19
    Tema 4: Aplicaciones lineales   26
    Tema 5: Sistemas de ecuaciones lineales   31
    Tema 6: Espacio vectorial euclídeo   37
    Tema 7: El plano euclídeo   45
    Tema 8: El espacio euclídeo R^3 51
    Tema 9: Diagonalización de un endomorfismo   57
    Tema 10: Cónicas   63
    Problemas de Álgebra   70

BLOQUE 2: CÁLCULO   91

    Tema 11: Continuidad de funciones   92
    Tema 12: Derivadas   96
    Tema 13: Estudio analítico de una función   100
    Tema 14: Integrales   107
    Tema 15: Integrales definidas   111
    Tema 16: Funciones de varias variables   121
    Tema 17: Integración múltiple   135
    Problemas de Cálculo   148

www.ingramcontent.com/pod-product-compliance
Lightning Source LLC
Chambersburg PA
CBHW060853170526
45158CB00001B/333

El objetivo del presente manual es el de ayudar a los alumnos del Grado de Arquitectura a entender los conceptos matemáticos básicos que necesitarán en el desempeño futuro de su profesión. Asimismo será útil para aquellos que ya hayan superado la asignatura pero necesiten consultar puntualmente algunos aspectos durante el estudio del resto de la carrera.